大沢流手づくり
統計力学

大沢 文夫 著
Fumio Oosawa

名古屋大学出版会

まえがき

　この本は、統計力学への入門を意図しています。統計力学には多くの入門書があり、参考書があります。ところがこの本は入門ではありますが、普通の統計力学の本とは門の入り方が少しちがいます。門は誰でも気がるに入れるようになっており、門を入った庭には粒子が漂っていて、集団になって動いているように見えます。

　統計力学では、非常に多くの粒子が集まってめいめい自由に動いているとイメージすることがあります。この本の庭でばらばらに動いているのは、それに比べるとごく少数の粒子です。そこでの各粒子の動きと、これら少数の粒子の全体としての動きを同時に見ようというのです。そのために、粒子のばらばらとした動きに対応する"サイコロ"と、粒子の持つエネルギーに対応する"チップ"(サイコロの目の数に従ってやり取りする)との動きを追いかけてみます。そして、いろいろな設定でサイコロを振ってチップの分配のされ方を見ると、意外な状況が次々に現れるので、"プロ"の研究者でもびっくりする人が多いです。この意外性の中に統計力学の真髄がふくまれています。そこの面白さをじっくり、自分(達)でサイコロを振りながら観察してほしいのです。"手づくり統計力学"はそこから現れます。

　さらに、統計力学の基本的な概念であるエントロピーの定まり方や自由エネルギー、温度などの話もこのサイコロとチップから現れます。集まりの中の粒子1個1個の動きと全体の動き、その動きの変化の速さを見ますと、そ

れらの概念が自然にわかってくると思います。いくつかの単純な力学的な系に関して実際に手を動かして解いてみて、他の統計力学の教科書がいうところと比べてみてください。統計力学は実は少数系の正確な力学的扱いからもわかってくるのです。力学的な例をあげながらいろいろな問題を解いてみます。すると、例えば"温度"が現れます。この温度を使い、実際の枝や棒や、かたいもの、やわらかいものが比べられます。生物や物理の研究の世界で現実に"今"の問題になっているおもしろい見方や考え方が次々に現れます。その基本を理解していただけたらありがたいと思います。

　問題は一見"統計力学"と直接関係がないように見えるところにまで拡げられます。そして、ブラウン運動の話と調和関数の話とが直接つながるというかつての大発見まで至ります。そこで出てくるブラウン運動の1次元、2次元、3次元での定性的差が数学的に理解されると同時に、サイコロを振る実験でもこれらを"実現する"ことができます。

　要するに基本はサイコロとチップをもって、自分で(数人で)サイコロを振りながら結果を見て"なるほど"と直感的に納得してほしいのです。

　この本にはずいぶんと難しい問題も出てきます。ファインマンのラチェット(爪車)もその1つです。そういった難しい問題を完全に理解できなくても、その本質について理解することから各自が行っている"実験"につながるいろいろなアイデアが出てくると思います。この本を読んで、実践して、そこまで進んでくれれば、広い意味での「統計力学」が手の中に自然と入ってくるのではないでしょうか。研究はいつでも"面白い"、"びっくりする"ことから始まります。必ずしも難しい理論や実験からだけではなく、手軽にサイコロを振ったり、簡単な計算を"自分で"やったりすることからも始めることができるのです。

　この本はそういう方向をめざして書いたもので、"わかりやすい"、"楽しめ

る"、"何でも自分の手で"を旗印に掲げたものです。よみ手の専門分野を問わず、物理学、物理一般、一般科学、人文科学、その他もろもろの研究者でない人々をも対象にしたつもりです。実際、この本の内容の元になった一般向けの講座では、普段物理や数学とは無縁な一般のおくさま達や事務職の人達も十分に興味をもって、その精神を理解してくれました。

　本書が広く読まれることを期待しています。

大沢文夫

目 次

まえがき　　　　　　　　　　　　　　　　　　　　　　　　　　i

序　章　　　　　　　　　　　　　　　　　　　　　　　　　　　1

第Ⅰ部　統計力学の基本を自分の手で体験する　　　　　　　5

第1章　基本ルールの説明　　　　　　　　　　　　　　　　7

第2章　分子の世界は消費税　　　　　　　　　　　　　　　13
2-1　チャンスを公平にすると、結果は不公平になる ....　13
2-2　やり取りをもっと多くすると ....　16
2-3　互いにやり取りをすると差が強調される ....　20
2-4　分配の方法をすべて書き出す ....　22
2-5　コンピューターシミュレーション ....　27
2-6　自分のチップが少ないのは他人のせい ....　31

第3章　ルールをいろいろ変えてみる　　　　　　　　　　39
3-1　破産者消滅型：重合体の形成と平衡 ....　39
3-2　所得税型：復元力がある場合 ....　43
3-3　複数の箱に注目 ....　48

第 4 章　いつでも今が最高　　55

- 4-1　ここまでのまとめ　……………………………………　55
- 4-2　時間を逆にして見ても同じ　…………………………　56
- 4-3　いつでも今が最高　……………………………………　58
- 4-4　反応はひゅっと進む　…………………………………　63
- 4-5　固体物性：磁化率についての考察　…………………　64

第 5 章　第 I 部のまとめ　　67

- 5-1　ボルツマン分布と等重率の原理の成立の順序　……　67
- 5-2　少数の成分でも統計力学が体験できる　……………　68
- 5-3　時間反転対称といつでも今が最高　…………………　70

第 II 部　生体の中の現象に統計力学を応用する　　73

第 6 章　エネルギーのやり取りとその時間　　75

- 6-1　低粘度 (気体中) の運動　………………………………　75
- 6-2　高粘度 (液体中) の運動　………………………………　79
- 6-3　低粘度と高粘度：シス・トランス変化　……………　81
- 6-4　ATP 加水分解の 1 分子計測　…………………………　82
- 6-5　粘性とは何か　…………………………………………　87
- 6-6　気体の中につるした鏡のねじれ運動　………………　89

第 7 章　局所温度　　97

- 7-1　箱の外から局所温度を測る　…………………………　97
- 7-2　F アクチンの "曲げ" 運動　……………………………　99
- 7-3　ファインマンの爪車 (ラチェット)　…………………　103

- 7-4　Fアクチンの"滑り"運動のラチェットモデル 107
- 7-5　局所温度が測定できる 109
- 7-6　少数自由度にエネルギーがたまる 114
- 7-7　揺動散逸定理：信念の強さと環境変化への応答 116

第8章　ブラウン運動　121

- 8-1　ブラウン運動を体験する：N 歩の2乗平均が N 121
- 8-2　海の魚を一網打尽に捕らえる方法 130
- 8-3　ブラウン運動とポテンシャル・セオリー：ミクロとマクロの接点 ... 134
- 8-4　朝倉・大沢の力 (depletion 効果)：コロイド粒子間の引力 ... 137

付録A　海の魚を一網打尽に捕らえる方法　141

付録B　Weylの撞球　145

あとがき　149
参考文献　151

序 章

　一般の方を対象に統計力学の連続セミナーを以前に行いました。その後、大学院生を対象にもう少し踏み込んだ内容のセミナーも行いました。この本は、これらのセミナーの内容を元にまとめ直したものです。読者層は、生物や物理の大学生・大学院生だけでなく、広く理系の学生、一般の方を想定しています。とくに前半の内容は高校生でも理解できるように趣向を凝らしています。

　その趣向とは、読者の皆さんに、サイコロを振ってチップを受け渡しする、という簡単なゲームをやってもらうことです。私の講演では、実際に参加者にやってもらっています。テーブル1つに6人が集まりサイコロを振ります。サイコロの面は6つだから6人1チームで、その間でチップをやり取りするんです。皆さんもぜひ実際に6人1チームで試してみてください。もちろん、1人で6役やってもかまいません。一般の方を対象にして行ったときは、おくさま達などは喜々としてやってくださいました。ところが、大学生などは皆照れてやらない、やれない人が多いんです。テーブルにおくさまがいると喜々としてやってくださり、結構盛り上がるので、素人とくろうとが一緒に楽しむというのが、私の講演での趣旨でありました。読者の皆さんには既に統計力学について学ばれた方もおいででしょうが、いろいろな知識は全部忘れて、初心に返って楽しんでください。

　実はこのゲームの結果は、私たちの常識を覆す結果となります。このゲー

ムを通じて、統計力学の基本的な原理をまず体験してもらいたいのです。その後、世の中はなぜ少数の金持ちと大勢の貧乏人で構成されるのか？などの身近な話題を通して、少しずつ統計力学の世界に入っていき、後半では最新の生物物理の話題にも言及していきます。

　私の専門としている生物物理学というのは、生物学として面白くて、しかも物理学として面白い学問をつくるのが目標で、それは非常に高い目標であります。生物学と物理学というのは面白さが本来は違うものですから、両方ともで面白くなければいけない、というのは非常に厳しい要求でありまして、ともすると生物学としても物理学としても両方とも面白くないものになっていきます。生物学と物理学は非常に違うんです。だから生物物理というのは非常に難しいんです。生物学の方はまさに現代社会そのものです。現代の情報社会、情報が地球の上を巡っているのと同じように、細胞の中の生体高分子とそれらのつくる3次元のネットワークを研究しているわけです。現代生物学はまさに現代そのものなんです。それに対し、物理学はやはり古典ですから、約100年前にその多くが完成しています。本書が扱う統計力学は1903年までにギブス[1]がつくり上げてしまったものです。電磁気学は1873年にマクスウェル[2]がつくってしまった。量子力学は私が生まれたころにできてしまった。湯川さん[3]は、これはもう最高に貢献した人です。このように、物理はどうしても古典的なものですから、非常に新しくないことから勉強をやるわけです。そこで皆さんには、まずサイコロとチップで新しくないことを進めていただこうというわけです。

---

[1] Josiah Willard Gibbs (1839-1903)。アメリカの数学者・物理学者。熱力学の相律を発見。ギブス自由エネルギーやギブス-ヘルムホルツの式などにその名を残している。

[2] James Clerk Maxwell (1831-1879)。イギリスの理論物理学者。1864年にはマクスウェルの方程式を導いて古典電磁気学を確立し、また電磁波の存在を理論的に予想した。

[3] 湯川秀樹 (1907-1981)。日本の理論物理学者。京都大学・大阪大学名誉教授。1949年、日本人として初めてのノーベル賞を受賞。中間子論の提唱などで原子核・素粒子物理学の発展に大きく貢献した。

- 一般の講義では、非常に多くの分子の集まりの性質として導出することが多い。
- わずかな個数 (数個) の集まりでやってみてわかる。
- 手作業 (サイコロとチップ) でできる。やり方はいろいろ。

表 0.1 本書で扱う統計力学のポイント。

　非常に多くの分子が集まった系を巨視的に扱うのが熱力学で、その中の 1 つ 1 つの分子の状況を扱いながら、それらの集まった系の性質を理解しようとするのが統計力学です。大学の一般の統計力学の講義では「非常に多くの分子の集まりでは ⋯」とやっています。しかし、思い切り少ない、わずかな個数の、それこそ数個の集まりでやってみても、統計力学の本質はわかるんです。それがわずかな個数なものだから、小人数でサイコロとチップを使い手作業でできます。非常に多くの分子、例えばアボガドロ数[4]の分子の集まりを、というと想像力の問題ですけれども、そういう想像力なしで、サイコロとチップを使って目の前でやってもらう。すると、わずかな個数の分子、分子というか対象で、結構ちゃんと統計力学の本質がわかってしまう、と私は思っています。

　ただし、昔からこのわずかな個数で構成される小さな系の統計力学というのは、いろいろと物理学でいわれていたんです。これは本書後半のテーマと関係しますが、現在、やっと生物の分子機械、1 個の分子機械の 1 回の動作で、自由エネルギー[5]変換をするということが見つかりつつあります。これは当たり前のようであって実は当たり前でない、非常に大変なことなんです。

---

[4] 物質 1 mol の構成要素の総数を意味する (炭素ならば 12 g 中の炭素原子数)。約 6×10^{23} 個。
[5] 通常、物質のもつエネルギーをすべて取り出すことはできない。ある条件下で (自由に) 取り出す (仕事に変換する) ことができるエネルギーを自由エネルギーと呼ぶ。ヘルムホルツの自由エネルギー F とギブスの自由エネルギー G が有名で、前者は等温条件下、後者は等温等圧条件下で取り出し可能なエネルギー量。ちなみに、化学ポテンシャルは 1 mol (あるいは 1 分子) あたりのギブスの自由エネルギー。

自由エネルギーという概念はもともとたくさんの粒子の振舞いから出てきた概念なのに、非常に少数の分子でできた１個の分子機械[1]が１回のイベントで自由エネルギー変換をする、エネルギー変換ではなく自由エネルギー変換をするというのは、実は大事件なんです。だから私自身も、こういう少数のシステムが自由エネルギーの変換をどうやっているかという統計力学を改めてつくらなくてはいけないんです。というわけで、物理学は古典とは言いましたが、現代の問題でもあるんです。

第I部

統計力学の基本を自分の手で体験する

前半部での私の趣向は、自分の手でサイコロを振り、感覚的・生理的に統計力学の基礎を捉えてもらうことです。

　第1・2章では、まずサイコロを振ってチップをランダムにやり取りをする、というゲームをやってもらいます。チップを出す確率ともらう確率が一緒ですから、普通に考えると皆の持つチップの数が等しくなりそうですけど、予想に反して驚くべき結果となります。実はこのゲームは、分子がランダムに運動し、お互いにぶつかりあってエネルギーをやり取りしている様を模倣しているんです。このゲームで大いに驚いてもらったら、最も単純なケース —— 3人で3枚のチップをやり取りする —— を紙にすべて書き出してもらいます。そして反対にコンピューターシミュレーションで大人数でやったときの結果なども見てもらいます。この2つの例を通して、先ほどのゲームで驚いていただいたことの基本的な原理を体感していただきたいと思います。

　第3・4章では、第2章でやっていただいたゲームの色々なバリエーションを紹介したいと思います。手持ちのチップがすべてなくなったら退場させられる "破産者消滅" ルール、手持ちのチップの枚数に応じてチップを出す確率が増える "所得税" ルール、自分の持つ箱が1箱ではなく2箱のときなどです。そして、チップの数がやっと増えたと思ったらすぐ減ること (いつでも今が最高) などをお話しします。これらはすべて、何個の分子がどのくらいエネルギーを持つか？という統計力学のお話なのですが、どのくらいのお金持ちが何人いるか？というお話に非常に良く似ており、物理が苦手な人でも楽しんでいただけると思います。

　第5章では、そこまでのまとめと共に、本書後半部でのお話につながる準備をします。
　とにかく、難しいことは全部忘れ、自分の手でサイコロを何回も振り、チップをやり取りし、紙に書き出し、分子の気持ちを体感して下さい。

第1章

基本ルールの説明

　お友だちを5人集めてきて、6人のチームをつくってください。急に5人集められない場合、1人で6役をしてもかまいません。他に必要なものは、サイコロとチップです。サイコロはできればサイコロの癖がでないように、1組について50個を用意して、順々につかうようにするとよいのですが、なかなかそうもいかないでしょうから、用意できる程度の数でかまいません。チップはかなりの数が必要になりますが、色紙を切り抜いた程度で十分です。実際のコインでも代用可能ですが、実験が終わったら持ち主にすべて返してあげてください。

　6人でテーブルを囲み、1人あたり5枚ぐらいのチップにします。4枚だとあまりに少ないので、5枚にしましょう。だから1テーブル6人で、30枚のチップとなります。まず各人で1番から6番まで番号を決めてください。最初に30枚のチップを6人に分配します。サイコロを振って1が出たら1番の人、2が出たら2番の人がチップをとる、というふうに30回サイコロを振ってチップを分配してください。その結果、6人がそれぞれ何枚ずつチップを得たかをメモしてください。これが第1段階。スタートラインにつきました。おそらくこの段階では、ほぼ均一にチップは分配されていることでしょう（図1.1上段）。

　用意ドンで、今度はサイコロを振って出た目の番号の人は、自分の持ちチップを1枚テーブルの中央に出してください。その次にサイコロを振って出た

8　第 I 部　統計力学の基本を自分の手で体験する

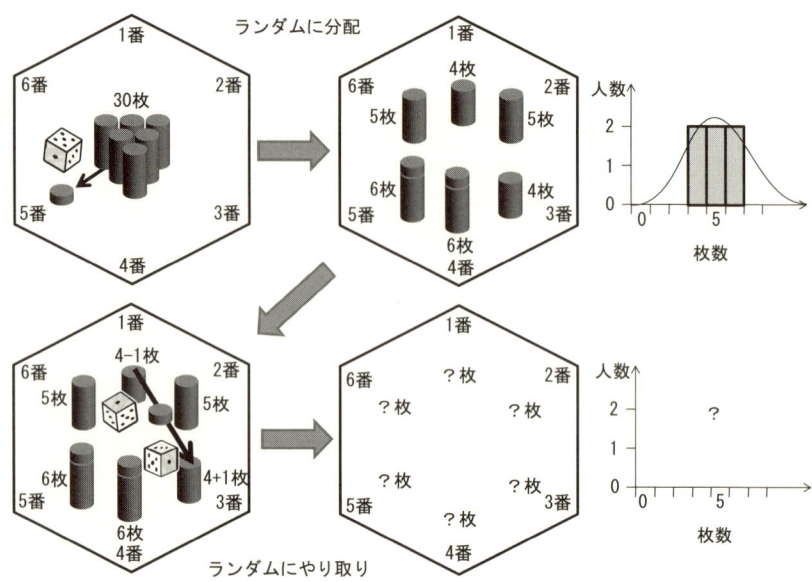

図 1.1　チップ (エネルギー) 30 枚をサイコロを振ってランダムに 6 人 (分子) へと分配する。すべて分配したら、サイコロを 2 回ずつ振ってチップをランダムにやり取り (相互作用) する。やり取りを続けると、各人の持つチップの枚数のヒストグラムはどう変わるか？

目の番号の人は、そのチップをもらってください。だから今度はチップをやり取りするわけです。途中は記録が面倒だから記録しなくてもいいです。実は 1 テーブルにサイコロ 2 つある方がいいです。誰かが振ったサイコロの目はチップを出す人の番号、もう 1 人の誰かが振ったサイコロの目はそれをもらう人の番号、というふうに決めると時間が短縮できて、1 回に 2 人で 1 個ずつ振れば 1 回のやり取りが成立します。10 分か 15 分やって、最終的に 6 人がそれぞれ何枚ずつになったか記録してください。

　これがどう統計力学とつながっているかと言いますと、各人は分子に、チップの数はその分子が持つエネルギーの量に対応しています。つまり、このやり

> - 初めに、チップを一方的に分配する (ほぼ均一になる)。
> - その後、やり取り を始めると、分配の様子は一変する。

表 **1.1** チップのやり取りの概要。

取りを通じて、分子の持つエネルギー量がどう分布しているかがわかる。まずチップを一方的に分配すると、ほぼ均一になる。これは大事な話。これはエネルギー (チップ) がどこかから流れてくることに相当する。どっと流れてきたエネルギーをランダムに受け取るわけです。さて、その後でエネルギーを受け取った分子同士がランダムにぶつかり合い (相互作用) を始めてエネルギーのやり取りをする[1]、これからやっていただくのはそういうイメージです。

答えは知っている人は知っていますけど、そんなことは知っていると言わずに、知らないつもりでスタートしてください。あちこちの講演会でこうした実験をやってもらいましたが、結果を知らない人にやってもらうことも多いです。私は愛知県立芸術大学で何年間か講義していましたが、この実験をやってもらいました。これをやって、用意ドン、やり取りしたらどうなりますかねと言うと、120人ぐらいの学生さんがいるんですが、やり取りするとさらに公平に分配されるでしょう、と皆が予想をするわけです。そこで実際にやり取りをやってもらいます。すると、やり取りを始めると分配の様子は一変する。芸大の学生に関する限り、大部分の人は大いに驚くんですが、皆さん、驚いてくれた方がありがたいんです。

ルールの補足です。何回かやっているうちにチップが0枚になる人がいます。0枚になった人は、その後チップを出せというのが当たったとしてもチップを出せませんが、借金はしないこととします。0枚の人に出せと当たったと

---

[1] やり取りしている間、チップの総数は一定であることに注意。

きは、そのサイコロは振り直す。借金はしない、マイナスは付けません。一遍 0 枚になっても、そこで終わりでなく、チップをもらうのが当たったらもらえることにします。30 個を 6 人で分けますと、平均が 5 になりますが、5 の 2 乗は 25 で、100 回ぐらいやるとだいたい誰かが 0 になります。100 回やらなくても 0 になることもあります。ではやってみましょう。

演習問題 1：サイコロとチップ

1. 人数が多い場合は 6 人グループを作る。6 人以下のときは 1 人何役かする。グループ内の各人に 1 番から 6 番まで番号を付ける。
2. サイコロを 2 つ、チップを 30 枚用意し、テーブルの真ん中 (場) に置く。
3. サイコロを振り、1 が出たら 1 番の人が場からチップを 1 枚とる。同様に、2 が出たら 2 番の人が、3 が出たら 3 番の人が…というように場からチップを 1 枚とる。これを 30 回行い、場にあった 30 枚のチップを全部配る。
4. 各自の持っているチップの枚数を記録。
5. やり取りをした後に各人の持つチップの数がどう変化するかを予想する。
6. やり取りを開始する。1 セットにつきサイコロを 2 回振る。1 回目に振ったときに出た目の番号の人は場にチップを 1 枚出す。2 回目に振ったときに出た目の番号の人は場のチップをとる。例えば、1 回目に 3 の目が出て、2 回目に 5 の目が出た場合は、3 番の人がチップを場に出し、5 番の人がそのチップをとる。このチップのやり取り 1 回で 1 セット。
7. 最低でも 25 セット (平均値の 2 乗)、できれば 150 セット (平均値の 2 乗 × 人数) やり取りを繰り返す。

8. 途中でチップが 0 枚になる人が出ても続ける。0 枚の人がチップを出す目が出てもチップを出す必要はないが、チップをもらえる目が出たときはチップがもらえる (借金はしない)。ただし、0 の人がチップを出す目が出たときも 1 回やり取りをしたとカウントする。
9. やり取りを全セット終了したら、各自の持っているチップの数を記録する。
10. やり取りをする前のチップ数と、やり取りをした後の各自のチップ数を比較する。

- 厳密にやるときは、サイコロの癖がでないように、サイコロは 1 組について 50 個を用意して、2 個ずつ順々につかうようにするとよい。

第 2 章

分子の世界は消費税

2-1 チャンスを公平にすると、結果は不公平になる

　読者の皆さんも実際にやってみましたか。どんな結果になりましたか。ここでは、ある講演会で実際にやってもらった、最初の 30 枚を一方的に分配したときの結果と、その後の結果をお見せします (表 2.1)。

　4 班の初めの状態はえらく不公平です。時にはこんなこともあります。やり取りした後もあまり変わらない。9 班、これは理想的です。11 班はやり取

班	やり取りする前 (一方向的に分配)	やり取りした後
1 班	5、6、5、5、2、7	0、4、3、5、4、14
2 班	3、6、4、6、5、6	3、1、5、12、7、2
3 班	3、6、5、2、10、4	2、9、9、0、7、3
4 班	5、5、3、3、3、11	11、1、2、2、6、8
5 班	8、4、5、6、2、5	10、1、9、1、0、9
6 班	7、3、6、6、2、6	7、5、10、2、1、5
7 班	5、2、6、4、5、8	6、0、9、1、4、10
8 班	3、8、8、3、4、4	0、16、6、7、1、0
9 班	4、5、4、6、6、5	4、0、4、7、12、3
10 班	3、5、2、8、7、5	2、4、11、8、4、1
11 班	5、3、4、3、7、8	5、2、6、3、7、7
12 班	3、5、7、3、5、7	0、6、6、6、4、8

表 2.1　サイコロとチップの結果。数字は各人が持っているチップの枚数。

14　第I部　統計力学の基本を自分の手で体験する

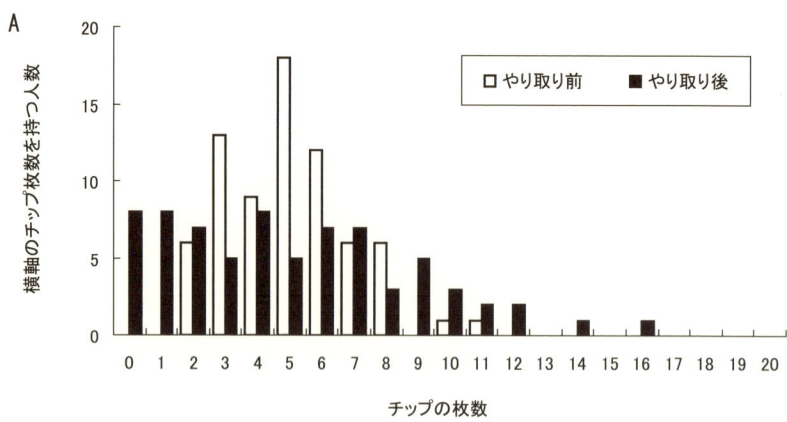

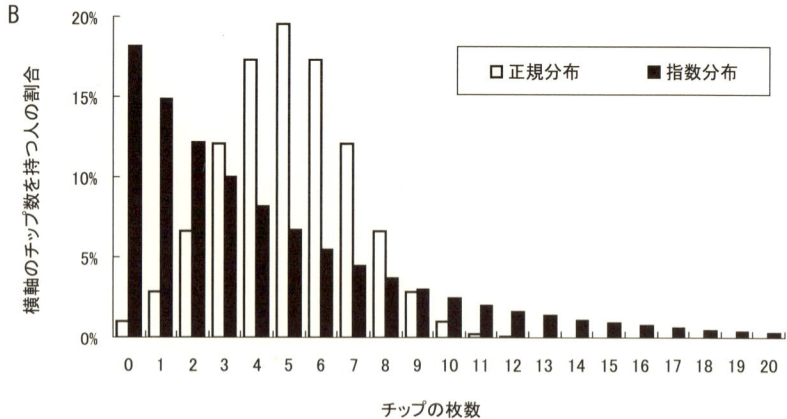

図 2.1　A：表 2.1 の結果を全員分まとめた分布図。横軸は持っているチップの枚数で、縦軸はその枚数のチップを持っている人の人数。B：正規分布と指数分布。

りの前後であまり変わらない。この講演会の時には全体に少し回数が足らなかったのかもしれませんが、まあまあの結果です。

　どんどんやり取りをやっていると、チップが 0 個、1 個の人ができて、誰

- やり取りをすると、チップが 0 個、1 個の人が出てきて、誰かがチップをたくさん持つ。
- 長い長い時間やり取りを続けると、全員、大部分の時間、0 個、1 個、… で暮らし、たまに短い時間たくさんのチップを持つことを等しく経験する。
- 短時間では不公平に見えるが、長い時間たつと公平。

表 2.2　サイコロとチップ：結果の解釈。

かがチップをたくさん持つ、という傾向になる。このやり取りの後の方が多少そういう傾向になっている。やり取りの前の方は平均である 5 個の人が最も多く、正規分布に近い形です (図 2.1A 白)。やり取りの後の方は、チップが 0 の人と 1 の人が結構いるという分布になります (図 2.1A 黒)。0 の人と、1 の人と、2 の人が結構いるとともに、チップが非常に多い人がたまにいる。非常に多い人 ——12 以上ぐらいが目安かな —— は 4 人いる。要するにチップの数が 0 の人が、たちまちのうちに出てくるというのが基本的なパターンなんです。誰かにお金が集中する。公平にやっていても、公平にやっているとこうなる、というのがみそなんです。知っている人は知っている結果ですが、何で公平にやっているのにこういうふうに不公平になるかというのは、わかっていてもかなり不思議で、納得がいかない。ずっと延々とやっていますと、破産はしないという約束ですので、ある特定の 1 人を見ると、大部分の時間をチップが 0 個、1 個で暮らし、たまに短い時間、たくさんのチップを持つ。うんと長い時間でやると公平になるはずなんだけれどもと、そういう話です 。

　これは世の中の実態を表している。消費税タイプで、金持ちも金持ちでない人も、当たる確率、金を出さなきゃならないという確率が等しいと、分布はこういう格好になる。それで、平均は 5 のはずなのに、大部分の時間を 0

個、1個で暮らし、平均より上であるという時間は、人生のうちの3分の1くらいです。時間でいうと、平均より下の時間の方が圧倒的に長いというのが驚異なんです。公平にやり取りするのにもかかわらずですよ。その代わりたまには金持ちになる。長生きすればいつかは、時間の問題で、無限に長い時間チップをやり取りしていれば、必ず自分も金持ちには一遍はなれるんですけれども、実際には時間が限られているからそうはいかない、というのが現実です。

大学の統計力学の教科書や教室で習うときには、この分布は最終的には指数分布になります (図 2.1B 黒)。指数分布になって、0 個、1 個の確率が高くて個数が増えるに従い確率がずっと減っていきます。平均を含めて平均より上である確率が3分の1程度というのは、だいたい理論で計算できますから、自分で計算してみてください[1]。

ここでお見せした結果は、あまりに早くやめ過ぎて、十分成果が上がらなかったですが、私自身はこういうのがえらく好きなんです。6人分を1人で延々とやっていたりします。

2-2　やり取りをもっと多くすると

ここで、別の時の結果をお見せします。これは部屋で1人サイコロを振って、6人分をやった結果です (表 2.3)。箱は N 個でチップは M 個。N が人数で6人です。チップは18個用意しました。つまり、平均は3個ずつにしました。サイコロを振って約350回やり取りをして、それを表にしました。A

---

[1] 正確には $1/e$ となる。

箱 N 個にチップ M 個でやり取り $N = 6$、$M = 18$ （平均 3 枚、試行回数は約 350 回）						
	A さん	B さん	C さん	D さん	E さん	F さん
0 の回数	18	77	82	91	31	50
トップの回数	160	0	6	15	109	38

表 2.3 サイコロとチップ：6 人で平均 3 個のチップをやり取りした例。

さん、B さん、C さん、D さん、E さん、F さんが 350 回やり取りして、そのうちチップ 0 で暮らしていた回数は、18 回、77 回、82 回、91 回、31 回、50 回です。この忙しい世の中、忙しい人生でと言われるかもしれないけれども、こういうのはやはり実験ですから、実験は本で見たり人の話を聞いたりではなかなか身に付かないので、やはり読者の皆さんも、ぜひともサイコロを振ってください。

この表 2.3 を見ると 6 人とも、チップ 0 であるということは十分、わりあいに平均して経験しています。ところがトップである回数は、A さんは 160 回もあるのに、B さんは一遍もトップになったことがない。トップである回数はえらくでこぼこでしょう。だから 350 回というのは時間が短かったので、トップはなかなか平均的には行き渡らない。皆にトップになるのを経験させてあげたいけれども、もっと長いことやらないと経験できません。0 である方は簡単に平均的に経験します。

このチップのやり取りは、分子同士がぶつかり合ってエネルギーをやり取りしているイメージだと先ほどお話しいたしました。分子の集まりがあって、分子同士がエネルギーをやり取りしていると、平均は結構高いエネルギーだとしても、必ず各分子は 0 であったり 1 であったりという、最低レベルや下の方のレベルを十分長い間経験しているんです。つまり温度が結構高くても[2]や

---
[2] 温度が高いということは、全体の平均のエネルギーが高いことに相当する。

箱 N 個にチップ M 個でやり取り $N=6$, $M=24$ （平均 4 枚、試行回数は約 350 回）						
	A さん	B さん	C さん	D さん	E さん	F さん
0 の回数	72	21	37	46	50	4
トップの回数	1	184	0	85	17	40

表 2.4　サイコロとチップ：6 人で平均 4 個のチップをやり取りした例。

はり個々の分子のエネルギーは 0 である、1 である、2 であるという時間の方が長いのです。分子のどれかがたまたまぴゅっと高いエネルギーを持つものだから、平均のエネルギーが上がるんですけれども、そのたまたまぴゅっと高いエネルギーを持つというのを経験するためには、ある程度時間がないといけない。分子の世界では猛烈な速さでエネルギーのやり取りをしているので、巨視的な時間に比べればもっとずっと短い時間で高いエネルギーを持つようになりますが、それにしても高いエネルギーを持つということは、分子にとってはまれにしか起こらない現象なんです。だから、後でいろいろお話ししますけれども、化学反応において遷移状態になるのに必要な遷移 (活性化) エネルギー E をもらう確率は

$$(遷移状態になるのに必要なエネルギー E をもらう確率) \propto \exp(-E/RT) \tag{2.1}$$

と計算するでしょう[3]。これはめったに起こらない事件が起こったという意味なんです。高いエネルギーの方はめったに起こらないからこそ、ああいう表現をするわけです。低いエネルギーの方はしょっちゅう起こっています。

　他に私のやった別の例をお見せします。N が 6 でチップの総数 M が 24、つまり 1 人の持つチップの平均を 4 個ずつにしました (表 2.4)。あまり代わり

---

[3] アレニウスの式。T は絶対温度、R は気体定数。$\propto$ は比例することを示す。

箱 N 個にチップ M 個でやり取り $N=6$、$M=36$　（平均 6 枚、試行回数は約 500 回）						
	A さん	B さん	C さん	D さん	E さん	F さん
0 の回数	66	56	82	14	23	96
15 以上の回数	58	94	0	70	2	0
18 以上の回数	15	19	0	0	0	0

表 2.5　サイコロとチップ：6 人で平均 6 個のチップをやり取りした例。

映えはしませんが、同じように 0 である回数は、皆さんわりに平均です。だけどトップである回数は、B さんが圧倒的でありました。F さんはわりにいい身分ですね。

次は、チップの総数 M を 36 枚にいたしまして、平均を 6 枚ずつにいたしました。だから温度を高くしたというか、平均エネルギーを上げました (表 2.5)。それでも 0 である回数は皆さんちゃんと経験しています。低いエネルギーは皆、かなり平等に経験しているというのがポイントです。それに対し、18 個以上たまたま持ちましたという高いエネルギーの方は、経験している分子 (人) と経験していない分子 (人) が、明らかにその区別がある。もっと十分に長い時間やれば皆等しく経験するんですが、このくらいの回数ではそんなもんです。

チップを分配、つまり一方的にエネルギーが流れて来たのをもらい、やり取りしました。やるのともらうのと同じような確率でやり取りしますから、拡散過程、つまりブラウン運動の過程です。ブラウン運動[4]に関しましては後 (第 8 章) で詳しくお話ししますが、平均して n 個のとき数が m 枚に変わるのに要する回数は $(n-m)^2$ なんです。チップの数が平均 $n=5$ 枚で、5 が 0 になるのには $(5-0)^2=25$ 回ぐらいやり取りしていると、中にはたまたま 5 が 0 になることはあります。5 人すべてが 1 回ずつは 0 になるのには、さ

---

[4] 19 世紀初頭にロバート・ブラウンが、水中で花粉から出た微粒子がランダムに動いていることを顕微鏡下で観測した。溶媒の分子が不規則に微粒子に衝突することにより起こる現象。

らに5倍ぐらいの回数が必要です。だけどチップの数が増える方は平均よりもっとずっと離れている。15のところまで行こうと思ったら平均の5より10大きいのだから、15 − 5の2乗だから100となり、圧倒的に時間がかかるでしょう。2乗で効くから、こちらはなかなか経験できません。これが世の中の現実であります。

ルールを変えて、「持っているチップの枚数に比例してチップを出せ」という命令にすると所得税タイプになります。そうするとチップ分配の結果は一変いたしますが、それは後でまたやります (第3-2節)。今は貧乏人も金持ちも、お金を持っている限りは手持ちの枚数によらずに当たる確率が同じ (消費税タイプ) であるとします。もらうのも出すのも平等であるとすると、結果は指数分布になります。これは分子の現実ですけれども、むしろ人間の現実でもあります。

2-3　互いにやり取りをすると差が強調される

ポイントの第1は、教訓ですけれども、一方的にエネルギーを流すと平等になる、ということです。ポイントの第2はエネルギーのやり取りをすると差が開く、と言うことです。

それで芸大ではこの話をするときには次のような説明をするんです。先生から一方的に習うとみんな似てくる。芸術作品が似てきます。強力なデザイン科の先生がいると、デザイン科の学生の作品は、素人が見るといかにもよく似ている。ところが学生みんながお互いにやり取り、議論をすると似なくなる。これがポイントなんです。えらく教育的な話をしますが、お互いに議論をすると、その議論の相手と似てきて困るからと言って議論を渋る人が時々

- 一方的にエネルギーを流すと平等になる。
- エネルギーのやり取りをすると差が開く。

表 2.6 サイコロとチップからわかるポイント (教訓)。

いるんですけれど、あれは逆なんです。何人もと一緒に議論をすると差が強調されてくるんです。えらく人間的な話で、このチップのやり取りの話とは一応別なんですけれども、でもかなり真実ではないかと思います。やり取りすると、お互いに差がついてくる。それで誰か 1 人だけがいい目をみて、他は駄目になるという説明だけだと不公平だから、赤のチップで 1 回やると赤のチップをたくさんもらう人が 1 人現れる。他はみんな少ない。青のチップでもう 1 回やると別の人が青のチップをたくさんもらうというふうに説明すると、みんな納得してくれるんです。それぞれの人はそれぞれ違うチャンスでいい目をみるということです。

阪大工学部の四方さん[5]がバクテリアを飼っていて、何週間か飼っていると同じ DNA を持つクローンのバクテリアの差が強調されて、ある酵素の生産量が似てくるのではなくて、差が大いに増えてくるという実験をされたそうです [2] 。ということは、おそらくバクテリア同士が何かをやり取りしているんです。やり取りしていると差が強調されるんです。

これをチップの話で考えますと、エネルギーのやり取りが重要であるということです。やり取りするといろいろな分配の仕方の間を移っていく。ある分配の仕方から他の分配の仕方に移ることができるなら、その逆も等しい確率でできる。長い時間かけると、その間にすべての分配の仕方が等確率で実現される。統計力学風にいうと、分配の仕方が微視的状態であり、行きと戻

---

[5] 四方哲也 大阪大学大学院情報科学研究科バイオ情報工学専攻教授。

> - まずチップを一方的に分配しておく (ほぼ均一になる)。
> - やり取りを始めると分配の様子は一変する。チップが0個、1個の人ができて、誰かがチップをたくさん持つ。
> - 非常に長い時間やり取りを続けると、一人一人は大部分の時間は0個、1個のチップを持ち、たまに短い時間たくさんのチップを持つ。長い時間の試行をみれば平等になっている。

表 2.7 これまでのまとめ。

りが同じ確率であるとすることで微視的状態が等確率で実現されるということです。このことを統計力学では「等重率の原理」と呼びます。

2-4 分配の方法をすべて書き出す

また皆さんに手を動かしてほしいんです。微視的状態が等確率である (等重率の原理) というのは当たり前と言って、そんなことをわざわざやることもないと思われるかもしれませんが、何事も経験ですから、3つの箱に3つのチップという場合の分配の方法を、自分の紙に一遍絵を描いてみてください (演習問題2)。3つの箱に3つのチップというのが結局平面的に描ける唯一の場合というか、せいぜいこの場合しか描けない。4つの箱に4つのチップというともう平面には描けなくなって、立体にしなきゃいけないんです。いろいろな分配の仕方を考えて、ぜひとも自分の手で描いてください。経験することが大事です。

演習問題 2：3 個の箱に 3 個のチップでやり取りする場合 (箱あたり等確率で当たる場合) の分配の仕方をすべて書き出す

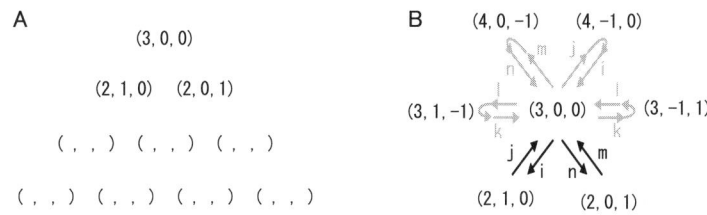

図 **2.2** 分配の仕方の書き出し。右は 1 つ 1 つの状態の変化を確率で考える図。
i：A さんが B さんへ 1 枚渡す＝左下へ移動、　j：B さんが A さんへ 1 枚渡す＝右上へ移動
k：B さんが C さんへ 1 枚渡す＝右へ移動、　l：C さんが B さんへ 1 枚渡す＝左へ移動
m：C さんが A さんへ 1 枚渡す＝左上へ移動、　n：A さんが C さんへ 1 枚渡す＝右下へ移動

3 人 (A さん，B さん，C さん) が 3 枚のチップをやり取りする。図 2.2A の (, ,) に A さん、B さん、C さんの持つチップの数を入力規則 (図 2.2B) を参考に記入する。(3, 0, 0) は A さんが 3 枚、B さんが 0 枚、C さんが 0 枚持っている状態に対応する。やり取りをして、例えば、A さんから B さんに 1 枚渡したときは左下の (2, 1, 0) の状態に移動することに対応する。やり取りによる状態間の移動規則は全部で 6 通りある。

1. 全状態を図 2.2A に書き出す。
2. 各状態間の移動 (やり取り) する道筋をすべて図 A に → で書く。ただし、チップが 0 の人は出すことができない (借金はできない) が、その場合も 1 回試行があったとカウントするので、その方向は出た矢印が戻ってくる。例えば、(3, 0, 0) から出る矢印は、(2, 1, 0)、(2, 0, 1) の 2 方向がある

が、それ以外に4方向 (図 2.2B のグレー)、合わせて6方向である。しかし、借金はできない (マイナスにはならない) 規則なので、後の4方向へ出て行った矢印はそのまま戻ってくる。結果として $(3,0,0)$ に留まる。

3. それぞれの状態になる確率を求める。具体的には、A さんが3枚持つ確率 $P(3,0,0) = p$、A さんが2枚持ち、B さんが1枚持つ確率 $P(2,1,0) = q$、全員が1枚ずつ持つ確率 $P(1,1,1) = r$、とすると、他の7状態の確率もすべて p, q, r であらわせる。そして、$(1,1,1)$ になる確率 (r) は、周りの6状態 (q) からそれぞれ $1/6$ の確率で移動する確率と考えて式を立てる。同様に考え、p, q, r の値を求める。
4. C さんがチップを0枚、1枚、2枚、3枚持つ確率を求める。
5. チップが0の人は出すことができない (借金はできない) し、かつその場合は試行がなかったとする場合 (行って戻ってくる矢印がないことに対応) について、上記の1) ～ 4) をすべてやってみる。この場合、$(3,0,0)$ から出る矢印は、$(2,1,0)$、$(2,0,1)$ の2方向のみであり、試行があったとみなす時は2方向のどちらかに $1/2$ の確率で移動することになるので、$(3,0,0)$ に留まることはない。
6. 4つの箱に4つのチップのときに関して、上記の1) ～ 4) をすべてやってみる。

―――――――――――――――――――――――――――――――

A さん、B さん、C さんに $(3,0,0)$ と分配されて、それから1回のやり取りで移っていく状態はどれだけの種類ありますかというと、$(2,1,0)$ と $(2,0,1)$ の2種類ありますね。$(2,1,0)$ から1回の操作で移っていく状態はどれだけありますかと聞きますと、$(1,2,0)$ と $(1,1,1)$ と $(2,0,1)$ と $(3,0,0)$ があります

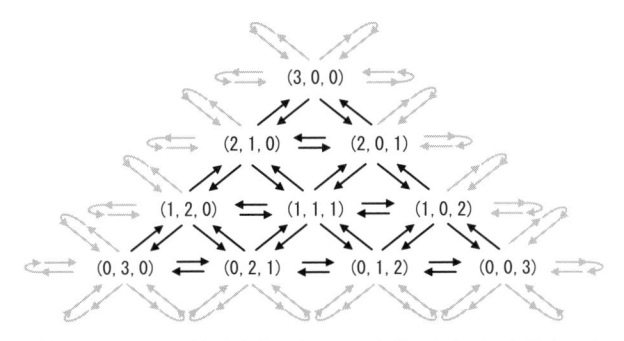

```
              (3, 0, 0)

         (2, 1, 0)   (2, 0, 1)

    (1, 2, 0)   (1, 1, 1)   (1, 0, 2)

(0, 3, 0)   (0, 2, 1)   (0, 1, 2)   (0, 0, 3)
```

図 2.3 3個の箱に3個のチップを配分するすべての方法。矢印はやり取りによる変化の方向。(演習問題 2 の答え)

ね。そういうふうに、1回の操作で移っていく状態同士を線で結んでいくわけです。それで、当たり前ですけれども、例えば $(1, 0, 2)$ から $(2, 0, 1)$ へ行くようにサイコロの目が出る確率と、$(2, 0, 1)$ から $(1, 0, 2)$ へ来るようにサイコロの目が出る確率は等しいですねというのを頭の中で確認する。これは箱に平等にサイコロが当たるとしている場合です。さっき皆さんがやり取りした時と同じように、チップを出しなさい、もらいなさいというのを箱に対して平等に当てているわけです (消費税型)。これを持っているチップの枚数に比例して当たるようにすると、行きと帰りは等しくならない (所得税型)。ネットワークでつないでいきながら、そういうことを意識してほしいんです。

3つの箱に3つのチップの場合だときれいに平面に描けますが、これを4つの箱に4つとして描いてくださいというのを、ある講演の時におくさま達に宿題として出しました。なかなか研究者の人はそういう宿題をやってくれませんけれども、おくさまの中の1人が2週間後に現れまして、宿題の答えを紙に描いてきてくれました。それは大変難しいんです。4つの箱に4つのチップの場合は、本当をいうと正四面体にしたいわけです。立体に描くとまいこと描ける。でもそんなことは思い付かないから、強引に平面に描くか

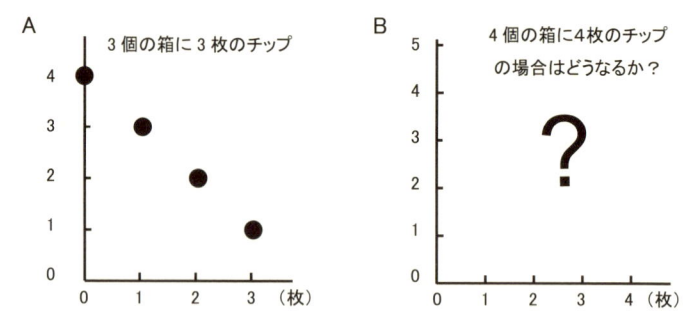

図 2.4 A：3つの箱に3つのチップの分配の様子。横軸は任意の箱が持つチップ枚数、縦軸はその枚数が実現される場合の数を表す。図2.3を元に作成。B：4つの箱に4つのチップの分配の様子はどうなるか？

らなかなか難しいんですが、2週間後に、毎晩お父ちゃんと相談しながら晩ご飯のときに描きましたと言って描いてきてくれました。私はえらく感激いたしまして、講義の終わりに表彰状を出しました。「〇〇さん、成績優秀につき」と書いて。懐かしい話ですけれども。だから、もし暇だったら4つの箱に4つのチップというのを立体でつくると面白いです。この場合にもやり取りのネットワークが描けるはずですね。

　今は3つの箱に3つのチップの場合で行きと戻りが同じ確率ですという条件ですから、当然定常状態においては、各状態が実現する確率が等しくなります (演習問題2の3)。そうすると、3番目のCさんが0であるのは4通り、1であるのは3通り、2であるのは2通り、3であるのが1通り。だから0、1、2、3枚のチップを持っている確率の比が4、3、2、1になります (演習問題2の4、図2.4A)。持つチップの枚数が増えるほど確率は一方的に減少していきます。当たり前ですけれど、ぜひ自分の手で描いてください。皆さん何か名案があれば出してほしいんですけれども、残念ながら平面の紙1枚に描くのは3つの箱に3つのチップの場合が一番きれいな場合ではないかと思うんで

す。数が大きくなっていくと、いろいろ次元を増やして描かなきゃいけなくなります。

2-5　コンピューターシミュレーション

　サイコロとチップでやったことをコンピューターで計算してみました。その結果をお見せいたします。こういうのをやると、学生さんで気の利いた人はたちまちコンピューターでプログラムを作ってきてぱっと見せてくれます。コンピューターもいいんですが、こういうのは手でやらないと面白みが出てきません。0である回数は各人にほとんど平等に行きますが、金持ちになるのはたまにしかありませんねというのは、ぜひサイコロを振って経験してみてください。1,000回やっても大した時間がかからないです。統計力学というのは、あるいは物理全体としてそうかもしれませんけれど、頭の中だけじゃなくて生理的に手を動かして、実験と同じで手を動かして覚えた方がいいんです。マクスウェルの方程式を生理的に学ぶというのは難しいですけれども、統計力学の場合はかなり生理的に納得することができるような気がするんです。だからぜひとも手を、足を動かしてというか、図面を自分で作ってください。時間はかかりますけれども、私だけじゃなくて読者の皆さんにも手を動かしてもらいたいんです。

　では、少し説明します。最初のプログラムは[6]、4つの箱に4つのチップを分けて、a、b、c、dさんがそれぞれ何枚ずつ持っていますかという各パター

---

[6] 講義のときは大阪大学大学院生命機能研究科 難波啓一教授 (当時松下電器研究所所属) と難波研特任研究員の上池伸徳さんに作成していただきました。本にするにあたり新たにプログラムを鳥谷部さん (現中央大学理工学部) に作成していただきました。

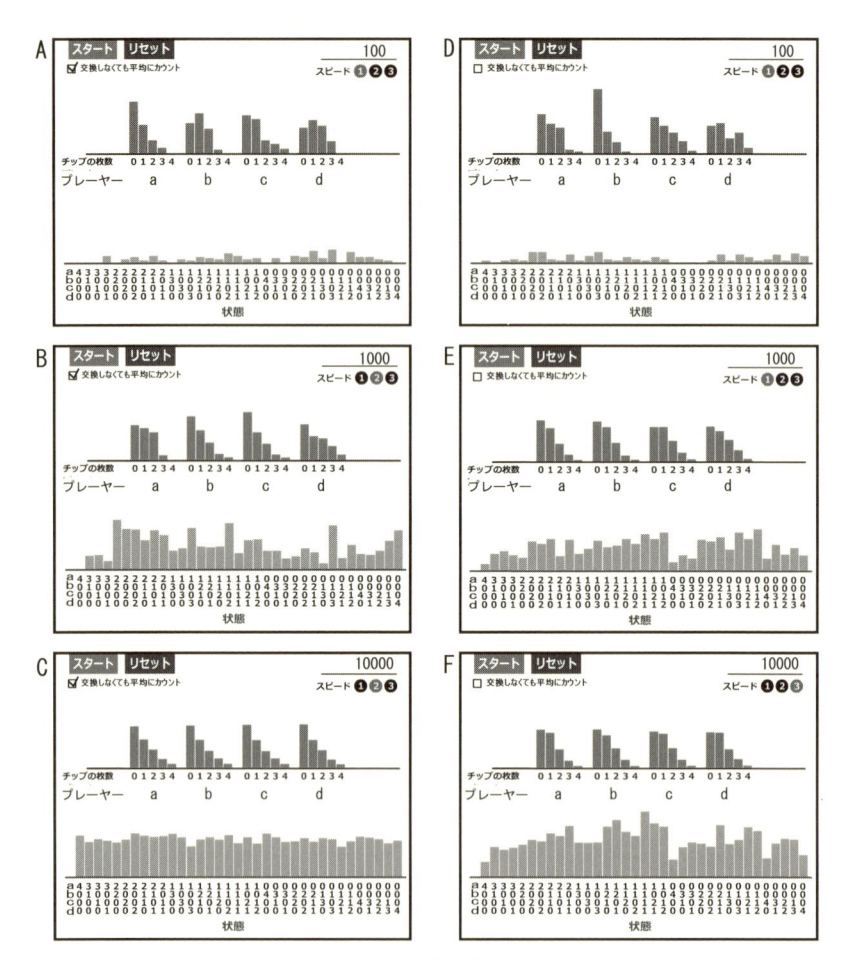

図 2.5　4人で4枚のチップをやり取りしたとき、各自の持つチップ数が $0, 1, 2, 3, 4$ 枚だった回数 (各図の上) と、各パターン (a,b,c,d さんがそれぞれ何枚持っているか) が現れた回数 (各図の下)。試行回数は 100 回 (A,D)、1,000 回 (B,E)、10,000 回 (C,F)。ルールは以下の通り。
・4つの箱に4つのチップ。
・チップ0になった人がいてもそのまま続ける (チップをもらえる目が出たときはもらえる)。
・チップ0の人が出す目が出たときはやり取りはしない (借金はしない) が、試行回数としてはカウントする場合 (A,B,C) と、試行回数としてカウントしない場合 (D,E,F)。

ンが、やり取りしているうちに何回現れましたかというのを数えているものです (図 2.5)。試行回数は取りあえず 100 回、1,000 回、10,000 回としましょうか。初期分布として 4 つの箱に 1 個ずつ入れ、用意ドン、とやり取りを開始いたしました。a、b、c、d さんの持つチップ数が 0, 1, 2, 3, 4 枚だった回数がそれぞれ各図の上に書いてあります。また、a、b、c、d さんがそれぞれ何枚持っているかというパターン (微視的状態[7]) が現れた回数が積算されていきます。理想的にいけば、各図で上は右下がりになって、下は平等になるという話ですね。100 回や 1,000 回では下図の微視的状態の分布はそんなに平等じゃないけれども、各人ごとのチップ枚数の経験回数の分布 (上図) の方はかなり傾向が一致しております (図 2.5A)。これが 10,000 回になると下図の微視的状態の分布も平等になります (図 2.5C) これはただし、これまでと同様に、0 になっている人にチップを出しなさいという命令が当たったときには、やり取りはしなかった (借金はしない) けれども試行回数は数えるという約束で勘定しています (図 2.5A,B,C)。

次に、チップ 0 枚の人に出しなさいという命令が当たったときには試行がなかったと、つまりやり取りはしなかったし試行回数にも数えないというふうに約束を変えてやってみます (図 2.5D,E,F)。チップ 0 枚の人に当たった時の約束を変えただけで他のルールは同じです。さっきより、微視的状態数の分布が平等になる能率が悪いですね。各人ごとのチップ枚数の経験回数の分布も、0 と 1 がほぼ同じになりますから指数分布から離れた格好になります (図 2.5F 上図)。実はこの約束では、ちゃんと計算してみるとすべての微視的状態が等確率ではなくなっているため (演習問題 2 の 5)、このような違いが

---

[7] 誰が何個持っているかという分配の仕方。例えば、A の下図の一番左は上から 4, 0, 0, 0 となっているが、これは a さんが 4 枚持っていて、他の 3 人は 0 枚という意味。統計力学では、どの分子がどれだけエネルギーを持っているか、に対応する。このように分子 1 つ 1 つを細かく見たときの状態を、微視的状態といい表す。これに対して、平均のエネルギーや温度など、全体を大まかに見たときの状態を巨視的状態という。

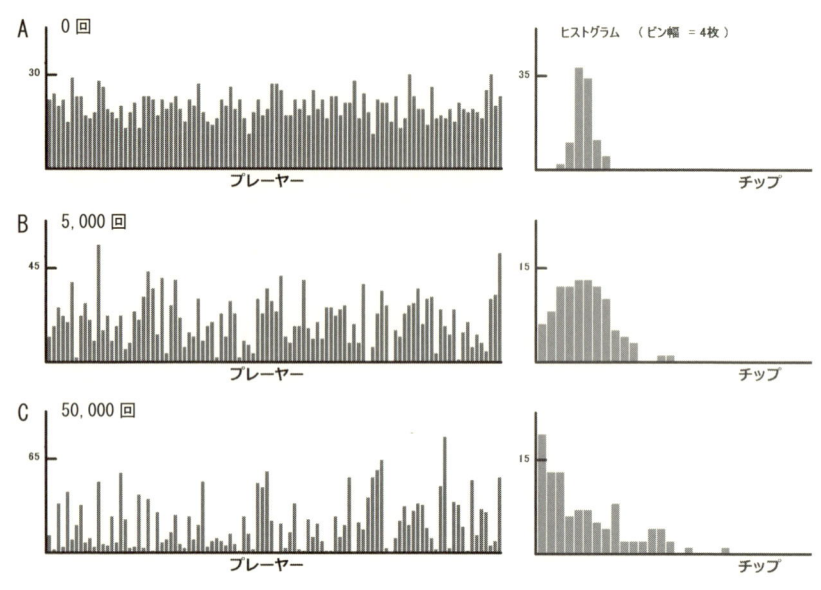

図 2.6 やり取りする前 (A)、5,000 回 (B)、50,000 回やり取りした後 (C) の分布図。各左図の横軸は 100 人のプレーヤーそれぞれで、縦軸がチップの枚数。各右図は各時点で、ある枚数 (横軸) のチップを持つ人が何人いるか (縦軸) を示している (アンサンブル平均)。ルールは以下の通り。

- 100 個の箱に 2,000 枚のチップ。
- チップ 0 になった人がいてもそのまま続ける (チップをもらえる目が出たときはもらえる)。
- チップ 0 の人が出す目が出たときはやり取りはしない (借金はしない) が、試行回数としてはカウントする。
- 箱に平等に当たる (消費税型)。

出てきます。

次のプログラム[8]は (図 2.6)、総人口 100 人、総チップ量 2,000 枚で、1 対 1 でやり取りします。まず分配しました (図 2.6A)。左図はそれぞれが持っている枚数を縦軸、100 人全員分を横軸に表しています。最初に分配したとき

---

[8] 講義のときは安川電機の曲山幸生さんに作成していただきましたが、本書では鳥谷部さん (現中央大学理工学部) に作成していただきました。

には図 2.6A 右のようなシャープな山のある正規分布に近い形になります。用意ドンでやり取りをスタートします。今回は 100 人いまして、総チップ量が 2,000 個なので、試行を 50,000 回いたしました[9]。ちょうど 50,000 のところで 20 人弱の人たちが 0 になっています (図 2.6 C 右)。だいたいこういうふうになりまして、80 枚以上の人が数人いますが、やはり 0 枚から 3 枚の人が一番多いです。このプログラムは毎回、別に計算しますので、答えも別になって出てくるわけです。

2-6　自分のチップが少ないのは他人のせい

ここまでのお話を統計力学の教科書的に解説いたします。特定の人に注目したとき、その人の持つチップが少ない確率が多くなった、つまり持つチップの数が 0 である確率、1 である確率の方が多くなったわけです。何でそういうふうに多くなったかというと、先ほどの分配の仕方が全部等確率で実現するということを考えると、特定の人の箱に注目したとき、その人の持つチップが少ない方が、残りの人に分配するチップが多くなり、それを分配する仕方の数 (場合の数) が多くなるからです。仮に自分が 4 個もらったときに、残りの $M-4$ 個を残りの箱に分配する仕方の数は、その 4 という数がもっと小さい方が、つまり残りをたくさん余らせてあげた方が分配の仕方が多くなる。自分が少ない方が他人が多く持つので、自分が少ないことの方が確率が高くなる。だから先ほどの何で 0, 1 の確率の方が多くなるかというのは、他

---

[9] これまでの議論にのっとり、平均値 20 の 2 乗、つまり 400 回ぐらいやると誰か 0 になる人が出てくる。100 人すべてが 0 を 1 回経験するためには、その 100 倍、つまり 40,000 回ぐらいの試行が必要となる。

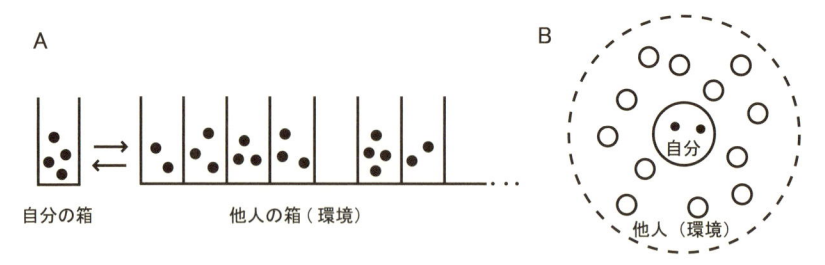

図 2.7 自分のチップが少ないときの方が多いのは、他人 (環境) のせい!! 自分の持つチップ (エネルギー) が少ない方が、他人 (環境) に分配するチップが多く、それを分配する仕方の数 (場合の数) が多くなる。

人のせい、環境のせいであるというのがポイントです。

皆さん、統計力学の授業をとったことある人は習ったと思いますが、要するにカノニカル分布[10]です。ある数の粒子がある時、その中の 1 つの粒子に注目するとその粒子がエネルギー ϵ を持つ確率はボルツマン分布の式、

$$(\text{エネルギー } \epsilon \text{ を持つ確率}) \propto \exp(-\epsilon/k_B T) \tag{2.2}$$

と書けます。ここで、k_B はボルツマン定数、T は絶対温度です。ϵ がチップの数に相当して、その増加とともに確率は等比級数的に減少します。つまり、ϵ が小さい方が確率が高くなる。このボルツマン因子がどこから来たかというと、自分のせいじゃなくて他人のせいだというのが一番のポイントです。他人のせいであの分布になる。他人をよくするために自分が遠慮するというのが、ボルツマン因子の元であるというのが、一番のポイントです。

大事なことを言い忘れました。先ほどチップをやり取りしたときは 6 人で直接やり取りしました。今度は 6 人の真ん中にもっと大きなチップの山を築

---

[10] canonical distribution. 統計力学で扱う基本的な (基準となる) 分布の 1 つ。粒子がエネルギー貯め (熱浴) とエネルギーをやり取りをしているときに、エネルギー ϵ を持つ確率分布。canon(カノン) は法則・規則・基準などの意味を持つギリシャ語の kanon が元で、楽曲形式のカノンも同様。ボルツマン分布とも言う。

いておきまして、サイコロを振って、1番の人が当たったら、1個自分のチップを真ん中の山に出す、そうして次にサイコロを振って当たった人は、真ん中の山からチップを1枚もらうとしても、結果は同じです。だから隣の仲間とやり取りしているのではなくて、真ん中に山、つまりエネルギーの「貯め」があって、その「貯め」に向かってやり取りしているというのでも、結果は同じです。やり取りの回数の時間平均的回数が同じだったら、必ずしもやって取って、やって取ってとしなくても、やってやって、取って取ってぐらいになっていても、結果は同じです。それが大事なポイントです。ということは、あの指数分布になる、あの右下がりの分布になるということは、相手は「貯め」でよろしいわけです。隣のことを知らなくて、「貯め」でよろしいわけです。その「貯め」を相手にやり取りしていて、自分のエネルギーについてはボルツマン分布になるというのが、もともとのギブスのカノニカル・アンサンブルの思想なんです。お互い直接やり取りしてやるのではなくて、「貯め」を相手にしていればよろしいんです。自分以外の6人のうちの5人というのは、いわば仮想的な5人でも結構いいというのが統計力学の思想、考え方です。

　皆さんが統計力学の教科書で習うときは、非常に多くの N 個の箱で、非常に多くの M 枚のチップを分配しまして、その中の特定の箱1個がある数 m 個を持っている確率はどうかという問題で、分配の仕方の数を計算します。そして、自分が m 個までもらったときは、ほかの箱には $M-m$ 枚だけを分配することになる。それぞれの分配の仕方の数を計算いたしまして、M も N も十分に大きくて、m でさえも $1, 2, 3$ という数じゃなくて、十分たくさんの数であるというふうにしますと、近似的にそれは何とかの m 乗という、等比級数になるということが証明できます。その等比級数というのは指数関数と同じことです。そういうふうに数式2.3が出てきまして、それが普通の

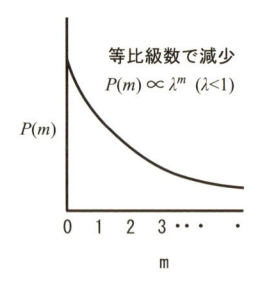

図 2.8 等比級数分布。M 個のチップを N 個の箱へ分配しやり取りを繰り返すと、ある箱のチップの数が m である確率 (時間の割合) は
$$P(m) \propto \lambda^m \quad (\lambda < 1) \text{ (数式 2.3)}$$
となり、等比級数で減少する。m が 1 増えるごとに確率が減少する比 λ は、1 個の箱あたりのチップの平均数が多いほど 1 に近い。

教科書に載っている話です。

$$\text{ある箱のチップの数が } m \text{ である確率：} P(m) \propto \lambda^m \quad (\lambda < 1) \quad (2.3)$$

$$(\text{ただし、} \lambda \text{ は } m \text{ が 1 増えるごとに確率が減少する割合})$$

それに対してここでお見せしたのは、実はたった 3 つでも、3 つの箱に 3 つのチップでも、左からいって $4, 3, 2, 1$ というふうになっているということです。あの右下がりというのは、ほんのわずかの数で十分右下がりになるというのが、この話のもう 1 つの大事なことです。5 つの分子があれば、その間のやり取りで、十分に指数関数で近似できる程度の —— 指数関数の方が数学的には簡単だから —— あるいは等比級数で表現できる程度の分布が出ると考えてよろしいというのがみそです。序章で言いました分子機械のように、自由度が非常に少なく、分子の数が非常に少なくても、いろいろなところでボルツマンの確率 (指数分布) を使いたいことがあります。そのときにこの話は大事な話になります。

> $$\lambda^m \to \exp(-m/\langle m \rangle) \to \exp(-\epsilon/k_B T) \quad \text{(数式 2.4)}$$
>
> ある箱のチップの数が m、またはある分子がエネルギー ϵ である確率。
>
> ここで、
> $\langle m \rangle$ は箱あたりの平均チップ数 (各分子の持つエネルギーの平均 = 温度)。
> ϵ は分子の持つエネルギー、 k_B はボルツマン定数、 T は絶対温度。
> - **小さな系**：箱 (分子・自由度) の数が 4 個から 5 個あれば成り立つ。
> - **注目する箱**：何でも良い。上の式は周りの箱 (環境) が決める。

表 2.8 ある箱 (分子) のチップ枚数 (エネルギー) が m (ϵ) である確率。

数式 2.3 の λ (ある箱のチップ枚数が m である確率 $P(m)$ が、m が 1 増えるごとに減少する割合) は 1 より小さいんですけれども、λ は 1 つの箱あたりのチップの平均の数が大きいほど、1 に近いということになります。それで、数式 2.3 の λ^m というのは、数式 2.4 の真ん中のような格好になります。

$$\lambda^m \to \exp(-m/\langle m \rangle) \to \exp(-\epsilon/k_B T) \tag{2.4}$$

ここで、$\langle m \rangle$ は箱あたり平均チップの数、ということは平均エネルギー、すなわち温度に対応します。したがって、数式 2.4 の右のようなカノニカル分布、ボルツマン分布の式になる (数式 2.2)。

その 1 つのみそは、小さな系で、例えば 4 つか 5 つの自由度でも、1 つの自由度あたりのエネルギーはこういう確率になること。それからもう 1 つは、注目する箱は何でもいいこと。同じ仲間の箱でなくてもよろしい。要するに数式 2.4 は周りの箱が決めるのだから、自分は特殊な物でも結構です、ということです。自分のエネルギーを取り込むだけで、後は周りが決めてくれますから、ボルツマン分布というのは自分自身は特殊な何かで結構ですという

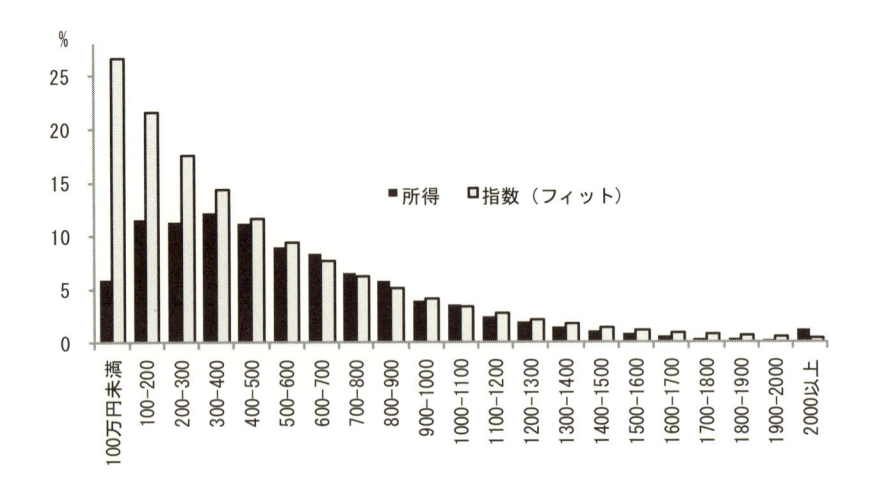

図 2.9 平成 16 年度の所得分布と、ボルツマン分布の比較。高所得者と低所得者の部分は少し外れるが、かなりボルツマン分布に近い。全世帯の平均額 (579 万 7 千円) 以上の所得を持つ人の割合 (40.3%) は全体の半数より小さい。
「厚生労働省：平成 16 年国民生活基礎調査の概況」の図 8「所得金額階級別世帯数の相対度数分布」を元に作成。

ことです。

　まったくの余興ですが、長者番付も指数分布になっているかと思い、調べてみました。すると、高所得者と低所得者の部分は少し外れますが、かなりボルツマン分布に近い形をしていました (図 2.9)[11]。現実の世界では単にやり取りをしているのではないので、このようなずれが出るのでしょうが、全体としては、かなりボルツマン分布に似ています。平均値以上の所得を持つ人の数が全体の半数よりずっと小さい。それが実社会でも同様であることに注目してください。

---

[11] 所得分布のグラフは低所得側を無視して高所得側をべき分布で近似するのが一般的。

コーヒーブレーク 昔からカエルを大勢1箱で飼っていると、太ってくるカエルと痩せてくるカエルがいるという話があります。どんどん差が増えてくる。現名古屋大学医学部の曽我部正博教授が、以前大阪大学の人間科学部にいるときにカエルを使い、遺伝的に均一と思われる集団からいかにして個性が生まれるのかの実験をしており、この差が増えるという話をしていました [3][4][5]。その当時 (1977〜1985年頃) の実験で、曽我部さんはもうやっていませんので、どなたかが後を継いで今このような実験をやっているかどうかは知りません。ただ、このような現象は一般的に密度効果といって様々な方が実験されています。差が増える理由は、一遍太りだすとますます強力になって餌をどんどん食い、一遍やせだすと弱くなってなかなか餌が食べられない、というふうに説明する人がたいていなんです。けれども、別にそうでなくても差がついてくるんです。私の解釈は、たまたま一緒に泳がせて、一緒にいて何かやり取りしていれば自然に太ったのと痩せたのが出てくる、というものです。よろしいでしょうか。大きいのと小さいのができる理由をわざわざ考えなくても、ただ単に一緒に生活していて何かやり取りしていれば、自然にそうなる。おかしいですかね、こういう解釈。

第3章

ルールをいろいろ変えてみる

3-1 破産者消滅型：重合体の形成と平衡

　前章まではチップ0の人に当たったら、借金はせずに試行回数だけカウントするという約束だったんですが、もう1つ面白いのがありまして、破産者は社会から除外されるというルールです (図 3.1)[1]。すると、チップの総数は同じ枚数ありまして、人数が減っていきますから、1人の平均が増えていきます。それにもかかわらず0になる人が刻々と現れますので、破産者 (図 3.1 右図の左端のバー) の数がずっとうなぎ上りに上がっていきます。ずっとやっていくと、まさに小人数の人がお金持ちになって残るというわけです。

　これは単にこういうコンピューターの遊びを示しただけかというとそうでもなくて、話は突然飛びますが、F アクチンの G-F 変換[2]という実験があります [6][7][8]。私にとりましては、先ほどのコンピューターの計算で正規分布に近い分布から、やり取りをすることにより指数分布 (等比級数分布) になるのは、アクチンの重合の実験の話そのものです。アクチンがばらばらにモノマー (単量体) であって、それがつながっていく。そうすると、種(たね)がいくつかありまして、それにモノマーがひっついていくというのは、まさに一方的

---

[1] こちらのプログラムも鳥谷部さん (現中央大学理工学部) に作成し直していただきました。
[2] アクチンは細胞の機械的な運動において重要な役割をしているタンパク質の1つ。特に、筋肉の収縮において必須の役割を果たす。球形 (globular) アクチンは G アクチンとして知られ、これが連なって糸状 (filamentous) の重合体となったものが F アクチンと呼ばれる。

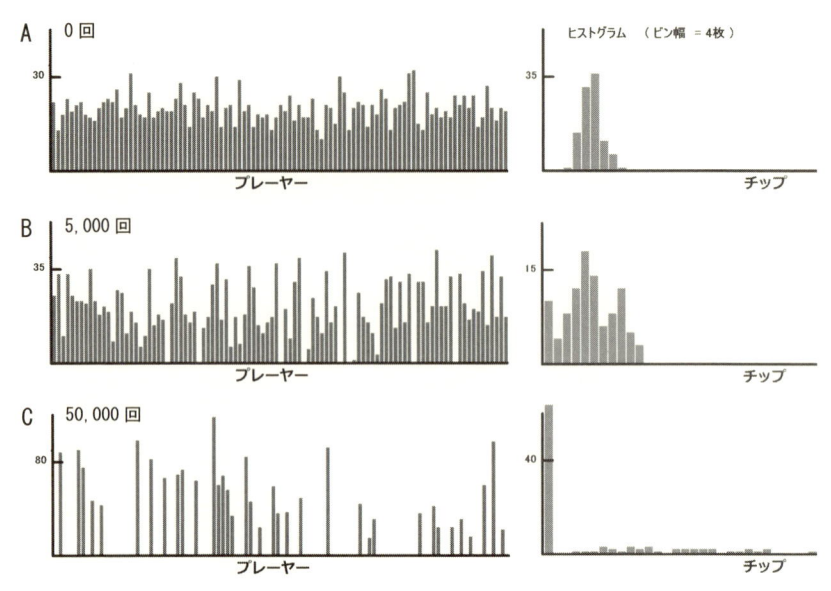

図 3.1 破産者消滅。やり取りする前 (A)、5,000 回 (B)、50,000 回やり取りした後 (C)。各左図の横軸は 100 人のプレーヤーそれぞれで、縦軸がチップの枚数。各右図は各時点で、ある枚数 (横軸) のチップを持つ人が何人いるか (縦軸) を示している (アンサンブル平均)。ルールは以下の通り。

・100 個の箱に 20,000 枚のチップ。
・チップが 0 になった人は外される (破産者消滅)。
・箱に平等に当たる (消費税型)。

に分配するわけです。そうするとだいたいみんながずっと成長していきます。ずっと成長していって、重合体が過飽和液からずっとできあがっていくと、種にどんどん付いていきますので、一方的に流れていき、その結果は鋭い形をした正規分布に近い分布であり、ほとんど同じ長さの物が集まって、山を持つような分布ができてきます (図 3.2A)。最終的にモノマーの G アクチンと重合した F アクチンが平衡に達し [9]、G-F 平衡に達しますと、やり取りの確率が等しくなります (図 3.2)。そうすると徐々に等比級数分布に変わってい

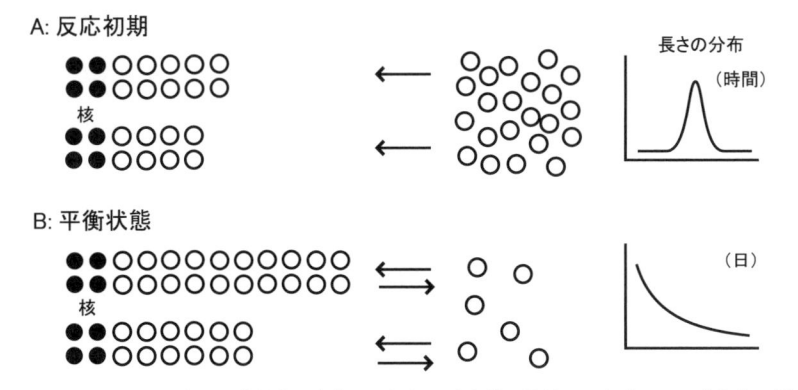

図 3.2 核 (2 つの黒丸) に単量体 (白丸) が付き、重合体 (結晶) が成長していくときの模式図 (左) と、長さ分布 (右：横軸は重合体の長さ、縦軸はその長さの重合体の数)。
A：反応初期は単量体が十分量あり、重合体がどんどん成長して行く状態。このとき、単量体の数が十分にあるため、重合 (左向き) の反応が支配的。サイコロとチップゲームでのやり取りをする前の状態に対応する。
B：反応が進むと、単量体の数が減り、重合 (左向き) 反応と脱重合 (右向き) 反応が釣り合う。サイコロとチップゲームでのやり取りをしている状態に対応する。

きます (図 3.2B)。

　これは実験で本当にそうなったわけです [10]。これは当時なかなか面白い話でした。一定の速さで成長する速度論的方程式を書き、ずっとつないでいきます。分布まで勘定に入れて、分布を理論的に出すようにしますと正規分布になる。だいたい平衡になってから、ずっと待っていると指数分布になるというのが理論で出てきました。そして指数分布になるまでの時間が計算でき、拡散過程 (ブラウン運動の過程、第 8 章) と同じなので、モノマーの数の 2 乗に比例する、つまり長さの 2 乗に比例するという結果が出てきました。本当にそうなって、だから最初に成長していく方は 1 時間で済むんですが、指数分布 (等比級数分布) になるのは 1 日かかるんです。

　そうしているうちに、実は同じ成長の速度方程式が、タンパク質の 3 次元

の結晶に適用できることがわかりました。Fアクチンは線形に伸びていくだけなのに、何で3次元の結晶でもそれがぴったり適用できるかは不思議です。おそらく3次元の結晶も、成長ポイントは1点なんです。らせん的に伸長するので、線形な成長をしているんです。だから線状成長の方程式がうまく適用できるのだと思われます。それを筑波の安宅光雄[3]さんがライゾザイム(リゾチーム)の結晶でまったく同じカーブになることを示されました[11]。3次元の結晶でもそういうことが起こるんです。タンパク質の結晶だと、初めわっと種が適当に始まって成長します。後でやり取りが始まりますと飽和状態になります。きっちり溶質の飽和濃度と結晶とが平衡になりまして、やり取りが等しくなりますと、だんだん大きいのと小さいのが出てくるという理屈になります。小さい方はゼロになったら再起不能ですので、まさに破産者消滅の理論になるわけで、じっと待っていると、ついに1個だけの大きな結晶になるという理屈です。安宅さんは1年のオーダーで実験していますから、この実験は本当にすごい実験です。ただし、早い成長は秒のオーダーで進みます。

　だから今のシミュレーションというのは、実際的な意味もあって、なかなか面白い。そのときに、破産者消滅でいくと、大きな結晶がどういうふうに分布していって、等比級数的分布となり、最後に1個になるという方向に変わっていくにはどういう経過になっているかというのを、シミュレーションしてくれていることになるというわけです。今一度、図2.6と図3.1を見比べてみてください。図2.6は破産者生存というもの。100人で総チップ量が2,000で、1対1の交換をスタートいたしました。だいたい分布の様子がわかりますね。図3.1は破産者消滅です。破産者がどんどん増えて消えていく。十分多数回のステップ後には1人だけになってしまいます。なかなかすごいで

---

[3] 独立行政法人産業技術総合研究所　生体分子工学部。

しょう。でもこういうふうにやっていると、はたと思い当たる実験事実があるんですから、なかなか面白い。

3-2　所得税型：復元力がある場合

　ここまでは、チップを何枚持っていても関係なく等確率でチップを出していました。以下では、持っているチップの数により当たる確率が変わる場合を見てみます。たった 2 人でチップをやり取りしているときで、初めにチップ総数 30 で、15 枚ずつ等分にして、それでチップをやり取りします。そのときにチップを出す役が当たる確率は常に等しいとしてやり取りする場合 (今までの場合に相当します) と、持ち金に比例して当たる確率を決めて持ち金がたくさんな人はチップを出す役が当たる確率が大きい (チップあたりの確率が等しいことに対応します) としてやり取りする場合とを比べる。2 人の場合が一番極端なので簡単にわかるので、図 3.3 にコンピューターを使って計算した結果をお見せいたします。当然のような結果ですけれども、持っているチップの数に比例して当たる確率でチップを出す場合 (図 3.3 黒、case 2) は、両者が等分のときの方向へ復元力があるので、こういう分布を取ります。箱あたり等確率のやり取り (図 3.3 グレー、case 1) にしますとたちまち片一方が破産して終わりになります。チップあたり等確率のやり取りにしますと中央に復元力がありますから、真ん中を中心に正規分布風に揺れていくという、そういう結果になります。

　まとめますと、表 3.1 のようになります。case 1 が、ここまでずっと言っていました箱あたり等確率、やりも取りも箱あたり等確率。それで case 2 が、やりの方がチップあたり等確率で、取りの方が箱あたり等確率というのをや

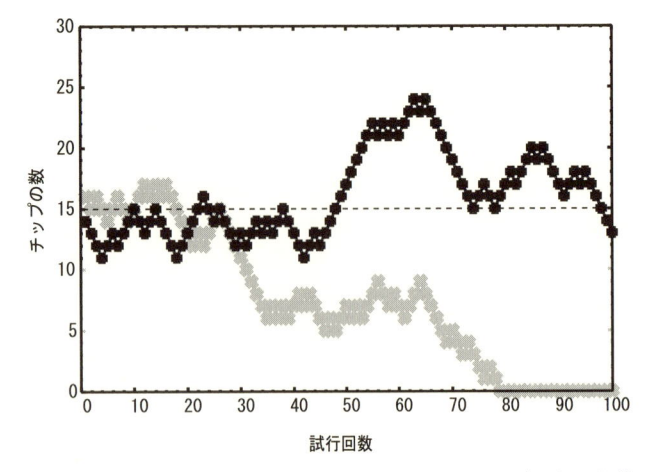

図 3.3　消費税型 (復元力のない場合) と所得税型 (復元力のある場合) との比較。2 人でチップをやり取りする。縦軸は一方の持っているチップの数、横軸は試行回数。総チップ数は 30。case 1(グレー)：チップを出す役が当たる確率が常に等しいとしてやり取りする場合 (復元力がない場合。消費税型。箱あたり等確率)。(一方がチップ 0 枚になった時点でやり取りは終了。) case 2(黒)：チップ数に比例して当たる確率が増える場合 (復元力がある場合。所得税型。チップあたり等確率)。つまり、持ち金がたくさんな人はチップを出す役が当たる確率が大きいとしてやり取りする場合。

るとどうなるかという、そういうお話です。

　3 つの箱に 3 つのチップで、チップあたり等確率で当たる場合はどういうふうになるかというのは、皆さんやってみてください (演習問題 3)。$(3, 0, 0)$ から $(2, 1, 0)$ に行く確率はいくらありますか。それを 1 つ 1 つ矢印を書いてみてください。いろいろな当たり方をする中で、何回分はこのように状態間を移動しますかと考えて矢印を書き込みます。たとえば $(2, 1, 0)$ から $(3, 0, 0)$ へ行くのにはどれだけの確率がありますかというと、この B さんの持つ 1 個に当たる確率は 1 個しかありませんから 1 本の矢印を引きます。$(3, 0, 0)$ から $(2, 1, 0)$ へ行くときは、この A さんの持つ 3 つのどれに当たってもいいです

- case 1 : 箱に公平 (箱の中のチップ数によらない)
- case 2 : チップに公平 (どの箱にあっても)

————— 2人でやると差がよくわかる。—————

- case 1 : どちらかがゼロになる。(図 3.3 グレー)
- case 2 : チップの数の差に比例する復元力。(図 3.3 黒)

表 3.1　チップのやり取りにおける 2 つの出し方。

から、3つ矢印が引けますよというふうに、矢印を引いてくださるとだいたいわかるんです。

演習問題 3：3個の箱に 3個のチップでやり取り (チップあたり等確率で当たる場合)

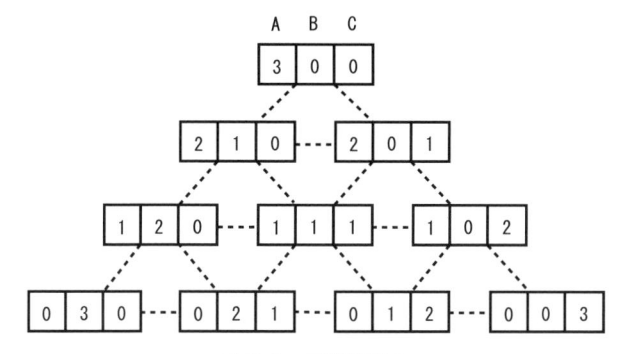

図 3.4　演習問題 3。

演習問題 2 では箱あたり等確率でチップを出す役が当たっていたが、ここではチップあたり等確率でチップを出す役が当たる場合を考える。3 人 (A さ

ん、Bさん、Cさん) が3枚のチップをやり取りする。

1. 各状態間の移動 (やり取り) する道筋をすべて図 3.4 に矢印で書く。ただし、演習問題2と違い、各状態から出る矢印の本数は、元の状態のチップの数と同じ。例えば、$(3,0,0)$ から出る矢印は、$(2,1,0)$、$(2,0,1)$ の2方向があるが、チップ数に比例してそれぞれ3本ずつ矢印を書く。それに対し、$(2,1,0)$、$(2,0,1)$ から $(3,0,0)$ へと出る矢印は、1本ずつとなる。チップが0枚の人は確率が0になるので、結果として借金ができないルールになっている。

2. それぞれの状態になる確率を求める。具体的には、A さんが3枚すべて持つ確率 $P(3,0,0) = p$、A さんが2枚持ち B さんが1枚持つ確率 $P(2,1,0) = q$、全員が1枚ずつ持つ確率 $P(1,1,1) = r$ とすると、他の7状態の確率もすべて p, q, r であらわせる。そして、$(1,1,1)$ になる確率 (r) は、周りの6状態 (q) からそれぞれ $1/6$ の確率で移動する確率と考えて式を立てる。同様に考え、p, q, r の値を求める。

3. C さんがチップを0枚、1枚、2枚、3枚持つ確率を求める。

解答は図 3.5 を参照。

演習問題3をやっていただくと、各 $(3,0,0)$、$(2,1,0)$、それぞれの最終的な定常状態での確率の比が求まります。箱あたり等確率でやり取りの場合には $0,1,2,3$ の順に $4,3,2,1$ だったんですが、今度は1のところが一番高くなります。というふうに、一遍、皆さん自らの手でやってみてくださって、どのくらい違いますか、という感じを持ってもらえるとありがたいんです。理論、一般論は出ているでしょうけれども、私の趣旨といたしましては、ごく簡単な

第 3 章 ルールをいろいろ変えてみる　47

```
                    ┌─────────┐
                    │ 3  0  0 │
                    └─────────┘
            ┌─────────┐     ┌─────────┐
            │ 2 1 0   │⇄   │ 2 0 1   │
            └─────────┘     └─────────┘
     ┌─────────┐    ┌─────────┐    ┌─────────┐
     │ 1 2 0   │⇄  │ 1 1 1   │⇄  │ 1 0 2   │
     └─────────┘    └─────────┘    └─────────┘
┌─────────┐   ┌─────────┐   ┌─────────┐   ┌─────────┐
│ 0 3 0   │⇄│ 0 2 1   │⇄│ 0 1 2   │⇄│ 0 0 3 │
└─────────┘   └─────────┘   └─────────┘   └─────────┘
```

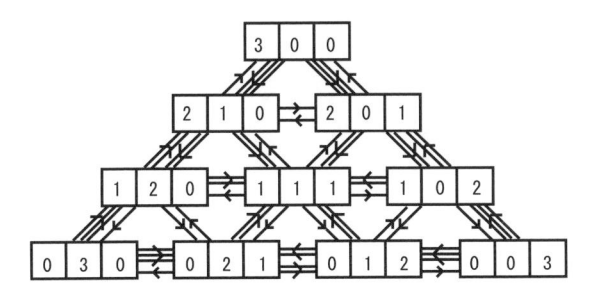

図 3.5　チップあたり等確率として、3 個の箱に 3 個のチップを配分するすべての方法。矢印はやり取りによる変化の方向。(演習問題 3 の答え)

A: Case 1　　　　　　　B: Case 2

　　箱あたり等確率　　　　　　チップあたり等確率

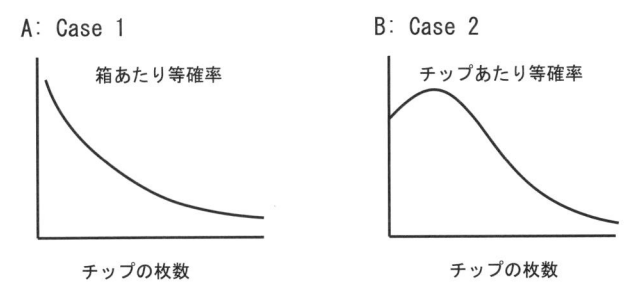

[グラフ: 横軸 チップの枚数、case 1 は単調減少曲線、case 2 は山型曲線]

図 3.6　チップを出す確率が、箱に平等な場合 (case 1) と、チップに平等な場合 (case 2) でのチップ枚数分布の比較。横軸はチップ枚数、縦軸はその枚数を持つ確率。

場合を手でやって、だいたいの感じはどうなりますか、というのを実感してもらうことです。

　図 3.6 に示しましたように、行きも戻りも箱あたり等確率でやり取り (case 1) とすると、0, 1, 2, 3 枚がまさにその順番で下がっていくのに対して、チップあたり等確率でのやり取り (case 2) にすると途中の 0 枚ではないところに山があるというのは、こういう矢印を書くとわかります (図 3.5)。一応 3 つの箱で 3 つのチップのときはどうなるかというのを書いてもらえればわかりますけれども、箱あたり (case 1) とチップあたり (case 2) とはこの程度違い

ますね。図 3.6 はそれを象徴的に描いています。こういう差も本当に、箱の数が小さくて、チップの数を小さくしても、手でやれば何か多少わかりますよというのが、私の一番言いたいことです。実験すればわかります。

3-3　複数の箱に注目

　ここまで 1 つの箱にだけ注目していたけれども、注目する箱を 2 つにしたらどうなるか、というのが次の問題です。これは、大げさに言うと統計力学のキーポイントなんです。ただし、この場合には 3 つの箱ではやりようがないので、箱の数を増やします。一番簡単なのは 5 つの箱のときです。ここまでは 5 つの箱の中の 1 つの箱に注目してどうなるか、というのでしたけれども、ここからは 5 つの中の 2 つに注目して、2 つの箱に合計何個入っているという状態が現れる確率はいくらですか、というふうに考えてみます。注目する箱を 2 つに増やすんです。やはり、これも皆さん自分の手でぜひやってほしいんです (演習問題 4)。

　注目する箱を 2 つにすると、全体の箱が最小限で 5 つでないと話がうまいことできないので、5 つの箱に 5 つのチップということにしてやってもらいます。どういうことかといいますと、5 つの箱に 5 つのチップの場合、$(1,0,0,2,2)$ や $(1,0,0,3,1)$ や $(1,0,0,4,0)$ や $(1,0,1,0,3)$ など、その場合の数を全部網羅いたしまして、最初の 2 つの箱に何個あるかという場合の数、つまり分配の仕方が何通りあるかというのを数えてみるんです (演習問題 4)。

演習問題 4：5 つの箱に 5 枚のチップでやり取りする場合

2 つの箱に注目した場合のチップ配分の総数を求める。

1. 2 つの箱に合計 0～5 枚のチップを配分する仕方、3 箱に残った 5～0 枚のチップを配分する仕方をすべて書き出し、それぞれの場合の数を求め、5 箱の場合の数を求める。例えば、3 つの箱の中のチップの枚数を横 1 列に書いて 3 桁の数ととらえ、この 3 桁の数を小さいほうから順に書き上げる方法がある。3 箱にチップ 3 枚の場合は 003, 012, 021, 030, 102, 120, 111, 201, 210。
2. 5 つの箱に 5 つのチップを配る場合の数は全部で何通りあるか？書き出すのでなく、計算で求める。

考え方： チップ (○) を 5 つの箱に入れると言うことは、4 つの区切り (|) を入れて 5 分するのと同じ。例えば、

○ | ○ | ○ | ○ | ○ $= (1,1,1,1,1)$,　　||| ○ | ○○○○ $= (0,0,0,1,4)$

| ○○ | ○ | ○ | ○ $= (0,2,1,1,1)$,　　|||| ○○○○○ $= (0,0,0,0,5)$

となる。| と ○ 合わせて 9 個 ($= 5 + 5 - 1$) のうち ○ が何番目になるかを 5 つ選ぶ。すなわち、1～9 の数字のうち 5 個選ぶ選び方が何通りあるかに等しい。

---

2 つの箱に合計で 0 枚のチップのときは (0,0)、合計で 1 枚のときは (0,1) と (1,0)、合計で 2 枚のときは (2,0) と (1,1) と (0,2)、合計 3 枚のときは (3,0)、(2,1)、(1,2)、(0,3) というふうになっていきます。そうすると、ちょっと図 3.7 を見てください。この 2 つの箱で合計 0 枚の場合は 1 通り、合計 1 枚の場合

注目する 2 箱			残りの 3 箱			5 箱
チップ数	分配の仕方	場合の数	チップ数	分配の仕方	場合の数	場合の数
0			5			
1			4			
2			3			
3			2			
4			1			
5			0			

表 3.2 演習問題 4 − 1 問題編。解答は表 3.3 を参照。

は 2 通り、合計 2 枚の場合は 3 通り、合計 3 枚の場合は 4 通りというふうに、合計の数が 1 枚ずつ上がっていきますと場合の数は 1 個ずつ上がっていきます (図 3.7B 黒)。それに対して、注目する 2 つの箱を除いておいて、残りの 3 つの箱の方にチップ数を分配するやり方の数は、さっき言いましたように、ほぼ等比級数で下がっていきます (図 3.7B グレー)。そうすると最初の立ち上がり (2 つの箱の合計数が 0, 1, 2 と増える部分) が、1 通りから 2 通りだから 2 倍になるし、2 通りから 3 通りだから 1.5 倍になるというふうに、やり方の数は上がっていきますが、次との間の比率は下がっていきます。2 つの箱の

注目する 2 箱			残りの 3 箱			5 箱
チップ数	分配の仕方	場合の数	チップ数	分配の仕方	場合の数	場合の数
0	00	1	5	005,014,023,032, 041,050,104,113, 122,131,140,203, 212,221,230,302, 311,320,401,410, 500	21	21
1	01,10	2	4	004,013,022,031, 040,103,112,121, 130,202,211,220, 301,310,400	15	30
2	02,11,20	3	3	003,012,021,030, 102,120,111,201, 210,300	10	30
3	03,12,21,30	4	2	002,011,020,101, 110,200	6	24
4	04,13,22,31,40	5	1	001,010,100	3	15
5	05,14,23,32,41,50	6	0	000	1	6

表 3.3 演習問題 4−1 解答編。

合計チップ枚数が 1 個だけ上がるときに、場合の数がどれだけの比で上がっていくか、という比率そのものが下がっていきます。それに対し、残りの 3 箱に残ったチップを分配する場合の数はほぼ等比級数的に下がっていきます。最初は注目した 2 つの箱の中の分配の仕方の数が増えていく方が勝って、だんだんこの数が増えてきますと、ついに残りの箱の等比級数で下がっていく方が勝つという状況になります。要するに、最初 (図 3.7B の左側) は注目する 2 つの箱だけの中の場合の数の増え方が勝っていますが、後の方 (図 3.7B

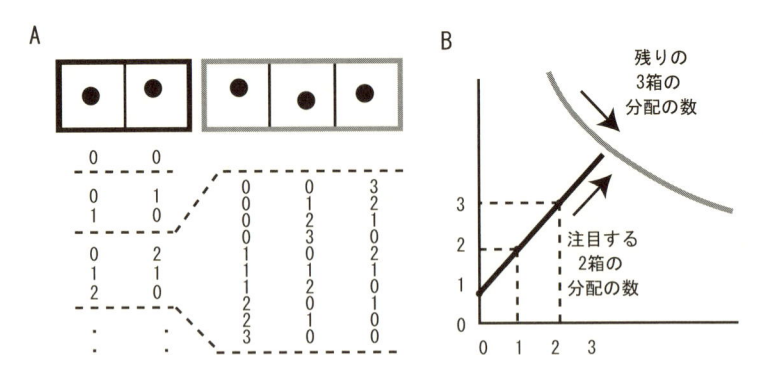

図 3.7　A：5 個の箱に 5 枚のチップを配分するすべての方法。2 つの箱に注目する場合。B：横軸は 2 つの箱の中の合計のチップ枚数で、縦軸はその枚数のときの場合の数。

の右側) はこの中の場合の数はそれほど増えなくて、残りの 3 つの箱の中の場合の数が減っていく方が勝ちますので、途中に山ができます。というわけで、ここの注目する箱を 1 個であったのを 2 個以上にしますと、途端に、必ず山ができてくる、ということになります。

　図 3.8A に、6 つの箱でチップの数が 6 つのとき、同図 B にチップの数が 24 個のときにどうなりますかというのが書いてあります。途中で山があるという絵を見てください。だから注目する 1 個の箱だったのを 2 つの箱にすると、必ずそういうふうに山が出てくる。実際に私自身が手でサイコロを振ってやり取りしたときの結果を図 3.8C に示します。6 つの箱でチップの数が 18 個と 36 個のときでやったときの図です。

　要するに何を言いたいかといいますと、注目する箱の数を複数にすると途端に、0 のところではなくて必ず 0 より離れて 1 個や 2 個や 3 個の方に山が出てくる。箱の数を複数にすると必ずそうなるというのが、ここで一番言いたいことであります。注目する箱の数を増やしたときに、その注目している 1 つのグループである箱の中で分配の仕方が何個あるかというのが、要す

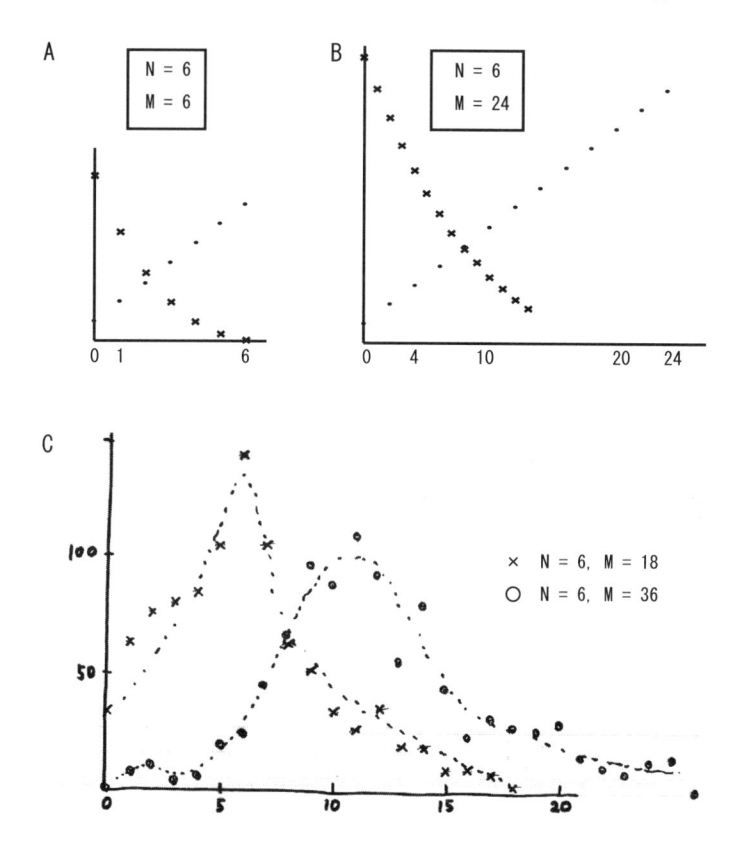

図 3.8 6個の箱の中の2つの箱に注目してチップを分配する場合。A: 6個の箱に6枚のチップを分配する場合の数を、計算した結果。B: 24枚のチップを分配する場合の数を、計算した結果。C: 6個の箱に18枚、または36枚のチップを分配する場合の数を、サイコロを振ってチップをやり取りした結果。横軸は2個の箱の中の合計のチップ枚数で、縦軸は対応する場合の数。

るにエントロピー[4]です。自分のエントロピーです。自分のエントロピーは、自分の箱が1つのときはどうしようもないんですけれども、自分の箱が複数

---

[4] 熱力学で不可逆性の尺度として導入された概念。その後、統計力学におけるボルツマンの原理によって分子の取りうる状態数と対応することが示された。

チップを出す時のルール	
消費税型	所得税型
手持ちのチップ数に関係なく一定額を出す 箱に平等。復元力無	手持ちのチップ数に比例して出す チップに平等。復元力有 平等に近づきやすい

破産した (チップが 0 枚になった) 人の扱い		
破産者消滅 (結晶成長)	破産者生存 (分子の相互作用)	
	破産者がチップを出す番が当たった時	
	試行があったとして数をカウントする	試行が無かったとして数をカウントしない
	(微視的状態がすべて等確率)	(微視的状態の確率が違う)

注目する箱の数	
1 つ	複数
(チップ 0 枚が最大で右下がり)	(チップ 0 枚でないところにピーク)

表 3.4 様々なルールのまとめ。

あるときにはその箱の中のエントロピー (やり方の数) はその箱の中に入ってくるチップの数が増えると共にどんどん増えていく。特に 0, 1, 2 の方は増え方が激しいので、この増え方が勝って、途中に山ができるということになる。自分のエントロピーと環境の方のエネルギーで決まるエントロピー。自分がもらったエネルギーが小さい方が、環境の方のエネルギー、つまり環境にあるチップの数が大きくてその方が (確率として最も高くなる状態で) 得であるという、自分にとっての (環境からの寄与による) エネルギーのファクターと、自分にとってのエントロピーのファクターとの掛け算で、結局 0 のところではなくて、有限の数のところに確率の山が出てくるというわけです。これがエネルギーとエントロピーのバランスという問題です。

第4章
いつでも今が最高

4-1　ここまでのまとめ

　ここでこれまでのお話の復習をしますと、一番のポイントは、一方的にエネルギーが流れてくる場合とやり取りがある場合とは、基本的に全く違うということです。やり取りをするとエネルギーが不公平に分配されることになる。エネルギーが低くなる向きの変化の方が圧倒的に起こりやすく、エネルギーが高くなる向きの変化は稀な現象になる。エネルギーの高い方は稀だけど、エネルギーがぐんと高いので、平均をとるとそれなりの値になる。けれども、経験する時間でいうとエネルギーの低い方が圧倒的に長くて、エネルギーが高い方は稀にしか起こらない。やり取りがある場合にはそういうことになるというのが一番のポイントです。

　なぜそうなるかというのは、チップ (エネルギー) の分配状態が各々について等確率 (等重率の原理、第2-3節) ということで考えられるんですけれども、一応自分の手でいちいち確かめてもらえると一番ありがたいです (演習問題2)。分配状態が等確率であるということは、自分のチップ (エネルギー) を少なくするほど他人はより多くの分配の仕方の数を持つことができるから、自分のチップ (エネルギー) は少ない方が良いということでもあります。他人にとって都合が良いから自分はチップ (エネルギー) が少ない方が良いということです。

ところが、1つの自由度だったらそれで良いんですけれども、注目する箱が2つ以上になると話が変わります。必ずその複数の箱の中での分配の仕方というエントロピーがあって、そのエントロピーは持っているエネルギーが大きいほど増えていきます。しかも2つの箱に分配されるエネルギーが小さい所では急激に増えていきます。だから箱の数が2つ以上になる、自由度の数が2つ以上になると、0ではなくて有限なエネルギーを持つ確率の方が必ず高くなります。それがエネルギーとエントロピーのバランスで決まるというお話の要点です。

4-2　時間を逆にして見ても同じ

これまでの話の多くは時間を逆にしても全く同じになります。記録を長時間取ったとします。初めの一方的に分配した直後は駄目なので、定常状態になった後の一人一人の増減を考えます。ある時刻を任意に選んで、その時刻の前後を見ると同じように見えます。つまり、チップ枚数の増減パターンは、時間変化に対して対称になるということです。図3.3 グレーは、チップを出す確率がチップの持ち数によらない (復元力がない) 場合のチップ枚数の時間変化です。この場合、持ちチップの数は図3.3のようにゆらぎますけれども、これを時間軸についてひっくり返しても同じように見えます (図6.2)。つまり、時間反転対称性があることになります[1]。もう1つ、チップ枚数の時系列を見ると、増えてきて次は減るという山型の変化が一番多く見られます。一旦金持ちになるとその次は、増え続けることよりも減っていくことの方が起

---

[1] この図では時間が短いのでよくわからない。詳しくは図6.2を見てください。

こりやすい。これは、いつでも今が最高ということです[2]。

時間反転対称ということで言いますと、エネルギーが高い状態への変化がどのくらいの頻度で起こるかというのは、エネルギーを高くしておいて、そこから下がっていく確率で考えても同じになります。いろいろなシステムにおいて減衰する場合の方が考えやすいので、その減衰する時間がちょうど、熱平衡の中でエネルギーをたまたま受け取る時間でもある、というお話につながります。化学反応を例にして考えるとこういうことです。平衡状態にある時、エネルギー障壁を越えられるだけの高いエネルギーを持つのにどのくらいの時間がかかりますか、という問題は気になるんですけれども、そのまま考えると難しい。ところが、そのエネルギーをもらった後にそのまま放っておくとどのくらいの時間でそのエネルギーが粘性により減衰していくかということ (緩和時間) はわかります。すると、時間反転対称性より「緩和時間＝到達時間」と考えられますので、高いエネルギーをもらうのにかかる時間が予測できます。これが今の話のポイントです。

なぜ増えて減るというパターンが一番多いということはわかりにくいと思いますので、もう少し詳しく説明します。先ほど等重率の原理というのを紹介しました (第 2-3 節)。これは自分のチップ枚数を少なくするほど他人はより多くの分配の仕方の数を持つことができる、逆に、自分のチップ枚数を多くするほど他人が持つことのできる分配の仕方の数は少なくなるということでした。他人が持つことのできる分配の仕方の数というのは、自分以外の人に残りのチップを配分する時のすべてのパターンの数、統計力学の言葉でいいますと微視的状態の数です。すべての微視的状態は等確率で起きるというのが統計力学の基本原理、等重率の原理ですから、これが小さいほどその状

---

[2] こちらも図 6.2 を見てください。

態は起こりにくいということになります。ですから、自分のチップ枚数が多くなる場合ほど起こりにくい。そうしますと、1つ前のやり取りの時には、今よりもチップを少ない枚数持っていた場合の方が、今よりも多く持っていた場合よりも起こりやすい。次のやり取りした後を考えても、今よりもチップを少なく持つ場合の方が起こりやすいということになる。1つ前を考えても、1つ後を考えても、今よりも持っているチップの枚数が少ない場合の方が良く起きる。だから、増えて減るというパターンが一番良く起こる、従っていつでも今が最高となるというわけです。この次に実例を挙げて説明します。

4-3　いつでも今が最高

次は、6個の箱に各6枚、計36枚のチップでやり取りする場合を考えます。名古屋で集中講義をやった時に、豊田工大の学生さんが時間経過を追うプログラムを作ってくれました。時間経過を記録する中で、アップ・ダウンの各パターンが何回出ているかというのを勘定するプログラムになっています (図4.1、図4.2、図4.3)。各箱のチップ枚数は変化し続けますけれども、その中のある1つの箱に注目して、各パターンが何回出たかを数えます。チッ

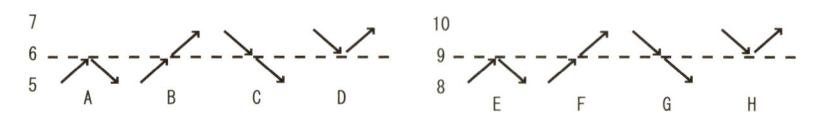

図 **4.1**　いつでも今が最高：6人で36枚のチップをやり取りする場合の増減のパターン。ある1つの箱に着目し、ある数 (点線) の前後に増えたか減ったかのパターンをカウントする。図左は平均 (6枚)、図右は平均より上 (9枚) になる前後での増減パターン。A,E：増えて減る、B,F：増えて増える、C,G：減って減る、D,H：減って増える。ただし、変化が無かった場合は時間を短縮する。例えば、5 → 6 → 6 → 5 の場合も A とカウントする。

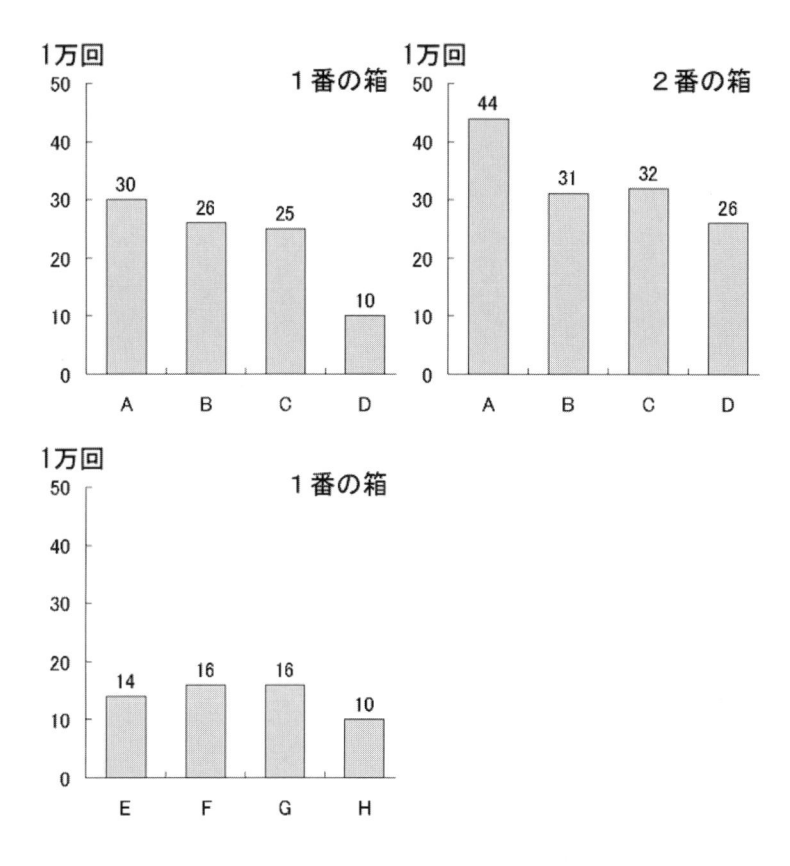

図 4.2　いつでも今が最高：6 人で 36 枚のチップを 1 万回やり取りしたときの増減のパターンの出現頻度。縦軸は出現回数で、A-H は図 4.1 に対応する。上図：1 番の箱 (左)、2 番の箱 (右) に平均 (6 枚) のチップがあったときの前後でのチップの増減。下図：1 番の箱に着目したときの平均より上 (9 枚) のチップがあったときの前後でのチップの増減。

プの平均は 6 枚です。そこで、注目する箱のチップが 6 枚になった時にその前後を眺めまして、1 つ前が 5 枚、今が 6 枚、次が 5 枚の (5, 6, 5) といったパターンを A と書きます。同様に (5, 6, 7) を B、(7, 6, 5) を C、(7, 6, 7) を D と書きます (図 4.1)。6 枚の前後は、この 4 通りしかありません。ただしこの

場合は、他人にサイコロが当たって、注目している箱には何の変化もない時は時間を縮めるとします。変化がない時間はすべて省略して、ただ変化が起こった時だけを見て、どう変化したかを調べます。ついでに E、F、G、H は中心を 9 枚という平均より上の方にしまして、同様に定義します (図 4.1)。9 枚に下から到達して下がったか (E)、とんとんと上がったか (F)、とんとんと下がったか (G)、上から来て上がったか (H) というのがそれぞれ何回起きたかを調べます。

そうして、1 万回 (図 4.2)、10 万回 (図 4.3) とチップのやり取りをします。ここでは 1 番の箱に注目して、各パターンをそれぞれ何回経験したかを数えます。やり取り回数 1 万回の場合は A が一番多くて、B、C がほとんど同じで、D が一番少ない。それから E、F、G、H の方は、E が少なくて F、G の方が多くなっています。他の箱も全部、でこぼこはありますが同じ傾向になっています (図 4.2)。やり取り回数を増やして、10 万回にします。すると 1 番の箱は、A のパターンを 4,889 回、B を 4,114 回、C を 4,114 回、D を 3,497 回経験しました (図 4.3)。この B と C のパターンは、回数を増やせば必ず同じ回数経験されます。時間反転対称性があるので必ず同じ回数になります。さすがにここまで回数を増やすと、特定の 1 つの箱の分布が望み通りの形になりますね。A のパターンが一番多く、B、C が中間で等しく、D のパターンが一番少ない。E、F、G、H についても同様に、E のパターンが一番多くて、F、G が同じ、H のパターンが一番少ない、というふうになります。

A、B、C、D は平均のところを通過するときの話です。平均値にやっと到達したと思ったら、平均なのに次は下がりますよというのが面白いところです。ここは平均なのだから、そこから上がるのも下がるのも同じ確率であればいいのに、と思うわけです。ところが、やっと平均に到達したという感じで、その次は下がる場合が多いんです。その差は、チップのやり取り回数が

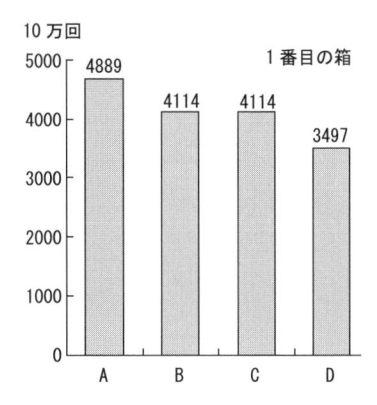

図 **4.3** いつでも今が最高：6 人で 36 枚のチップを 10 万回やり取りしたときの増減のパターンの出現頻度。縦軸は出現回数で、A-D は図 4.1 に対応する。1 番の箱に平均 (6 枚) のチップがあったときの前後でのチップの増減。

この程度なので大したことないといえば大したことないですけれど、きちんと差が出ております。7 枚から 6 枚に下がったのを、もう 1 回 7 枚に引き上げるのは大変ですよというわけです。これはなかなかきれいなデータだと思うんです。平均より上はなかなか現れませんねという話であります。これから、各箱がちゃんとこうなるのには、相当な回数やり取りしないといけないとわかります。1 万回程度では、A、B、C、D の関係が正しくなっていない箱もあります。10 万回ぐらいやると、やっと期待通り上がって下がる A が一番多い、つまり今が最高という状況がちゃんと実現していますね、というお話です。

再び 2 人でやり取りする場合を考えます。チップを出す命令が持ち金に比例して当たる、復元力を付けたやり方とします。ここでは平均値が 6 枚、つまり 12 枚のチップをやり取りしていて、たまたま一方が 8 枚になったとします。その時にその 8 枚の人は、上がってそのまま上がる (7, 8, 9) か、上がって下が

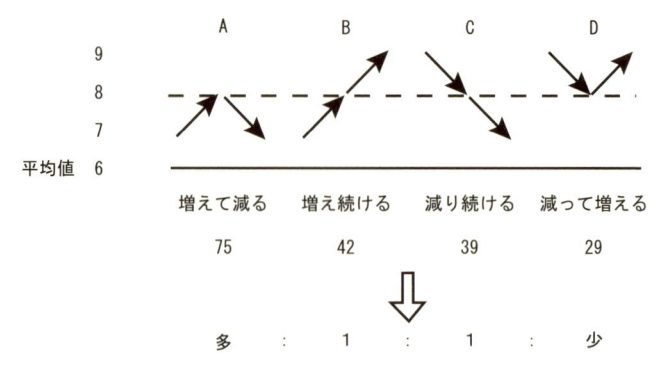

```
              A         B         C         D
    9
    8  ────────────────────────────────────
    7
平均値 6  ─────────────────────────────────────

       増えて減る  増え続ける  減り続ける  減って増える
         75        42        39         29
                      ⇩
         多    :    1    :    1    :    少
```

図 4.4　いつでも今が最高：2 人で 12 枚のチップをやり取りしたときの増減のパターンの出現頻度。実際にサイコロを振った結果。ある箱に着目したときの平均より上 (8 枚) のチップがあったときの前後でのチップの増減のパターン (上) と、それぞれの出現回数 (下)。

る $(7, 8, 7)$ か、下がって上がる $(9, 8, 9)$ か、下がって下がる $(9, 8, 7)$ かというのを、私が 1 人でサイコロを振って調べたものです (図 4.4)。$(7, 8, 7)$ が一番回数が多くて 75 回、$(7, 8, 9)$ と $(9, 8, 7)$ が中間で 42 回と 39 回、$(9, 8, 9)$ はなかなか起こらなくて 29 回でした。$(7, 8, 9)$ と $(9, 8, 7)$ を基準にすると、$(7, 8, 7)$ が多くて $(9, 8, 9)$ は少ない。だからいつでも今が最高と言えるんです。

　時間を逆向きにしても、$(7, 8, 9)$ と $(9, 8, 7)$ の回数は等しくなるはずなので同じように見えます。これは 2 人でやり取りして、平均値へ近づける復元力のある場合の例です。これは復元力があるから、皆さん「なるほど」と納得いたします。ところが、先ほどの 6 人でのやり取りで考えた復元力がない場合の方が意外というか、ある意味では常識的ではないので、なかなか面白い。これもぜひ自分で経験してみてください。

　先ほど、等重率の原理というのをご紹介しました (第 2-3 節)。この原理は、自分のエネルギーを少なくするほど他人はより多くのやり取りの仕方の数を持つことができるので自分はエネルギーが少ない方が良い、従ってチップが 0

枚になりやすいということでした。ここでは別の視点から、復元力がない場合に、どうしてチップが0枚になりやすいかということを考えてみます。それは、チップ0枚の人がいたらどうなるかを考えると考えやすいでしょうか。チップ0枚の人ができてしまうとチップを出せる人数が減りますから、チップを持っている人にとっては、出さなければならない場合が増えていくわけです。もらう方は、0枚の人も0枚でない人も等確率でもらえるんだけれども、出す方は0枚の人口が増えていくとより高い頻度で出さなきゃならなくなる。そうすると、0枚の人口が増えるにつれて、チップを持っている人はよりチップを失いやすくなるということです。

4-4 反応はひゅっと進む

実際にやってみるとわかりますけれども、金持ちになる時はだいたい一挙にお金(チップの持ち分)が増えていくんです。これがなかなか面白い。化学反応の場合も同じなんです。もたもたして、やっとエネルギー障壁を上ってついに反応するというんじゃなくて、反応する時はひゅっとエネルギー障壁を上っていってしまう。化学反応で何かが反応するというのは、稀にしか起こらないけれど、起こる時には大事件なんです。何か知らないけれど、たまたま一挙に起きるということです。一挙に起きると言うことは、実際にサイコロを振ってみた実感としてはあるんだけれど、どうしてそうなるかと言われると少し困ってしまいます。理屈で言おうとするとなかなか説明できないから、実際にやってみてください。

4-5　固体物性：磁化率についての考察

　固体物性もこのように手を動かしながら教えるのが私のやり方です。例として、相転移を考えてみましょう。あまり詳しくは述べませんで、概略だけお話ししますと、原子の数をできる限り減らして、ここでは3×3の9個の原子が並んでいる格子を考えます。各原子は上向きまたは下向きのスピンを持つとします。まず、スピン配置のパターンを全部書き出します (図 4.5A)。それから、それぞれの配置でどういう相互作用のエネルギーがあるかというのを全部書き出して計算します。エネルギーがわかると、与えられた温度の下でその配置が実現される確率がわかります。そういうのを手でやると、真相がよくわかるのではないかな、というのが私の意見なんです。

　9個の格子では原子の数が少なすぎるので転移温度までは求められません。けれども、温度を変えると帯磁率がどう変化するかということはわかります (図 4.5C)[12]。難しい理論や近似をしなくても、結構何か出てきて面白いというのが、私のお勧めするところであります。

第 4 章 いつでも今が最高　65

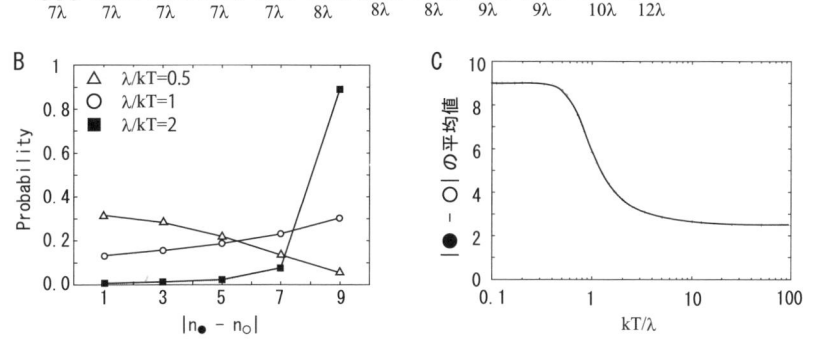

A ○○○
　○○○
　○○○　　●と○が隣り合わせる数（λ）を数える。

●:○＝1:8 のとき（|●-○|＝7）　　●:○＝2:7 のとき（|●-○|＝5）

●●● ○●○ ○○○　　　●●● ●●○ ●○● ○●● ●●○ ●○● ●○○ ○●○ ○○●
○○○ ○○○ ○●○　　　○○○ ○○○ ○●○ ○○○ ○●○ ○○○ ○●● ○●● ●●○
○○○ ○○○ ○○○　　　○○○ ○○○ ○○○ ○○○ ○○○ ○○○ ○○○ ○○○ ○○○
　2λ　3λ　4λ　　　　3λ　4λ　4λ　5λ　5λ　6λ　6λ　6λ　6λ

●:○＝3:6 のとき（|●-○|＝3）

●●● ●●○ ●●● ○●● ○●○ ●○● ●○○ ○●● ○●○ ●●○
●●○ ●●○ ○○○ ●○○ ●●● ●○○ ●●● ●●○ ●●● ●●○
○○○ ○○○ ○○● ○○○ ○○○ ○○○ ○○○ ○○○ ○○○ ○○○
　3λ　4λ　5λ　5λ　5λ　6λ　6λ　6λ　6λ　6λ

●●○ ●○● ○●○ ●○○ ●●○ ○●○
○●○ ○●○ ●○● ●●● ●○○ ●○●
○○● ○○● ○●○ ○○● ○●● ●○○
　7λ　7λ　8λ　8λ　8λ　9λ

●:○＝4:5 のとき（|●-○|＝1）

●●● ●●● ●●○ ○●● ○●● ●○● ●○● ●○● ○●●
●●○ ●○● ●●○ ●●○ ●○● ●○● ●●○ ●●○ ○●●
○○○ ○○○ ○○● ○○● ○○● ○○● ○○● ●○○ ●○○
　4λ　4λ　5λ　5λ　6λ　6λ　6λ　6λ　6λ

●●○ ●●○ ●○● ●●○ ●○● ●○● ●○○ ○●○ ●○○ ○○●
○●● ○●○ ●○○ ○○● ○○● ○●○ ●●● ●●● ●●● ●●●
○○● ●○● ○●● ●●○ ●●○ ●●○ ○○● ○○● ●○○ ●○○
　7λ　7λ　7λ　7λ　7λ　8λ　8λ　9λ　9λ　10λ　12λ

B

Probability

△ λ/kT＝0.5
○ λ/kT＝1
■ λ/kT＝2

|n● − n○|

C

|●−○| の平均値

kT/λ

図 4.5　固体物理 (磁化率の変化) を手を動かして行う例。A：3 × 3 の 9 個の原子が並んでいる格子を考える。各原子は上向き (●) または下向き (○) のスピンを持つとして、スピンの配置のパターンを全て書き出したもの。隣り合う●と○のスピン間にエネルギー λ がある。対称な形は省略してある。B：横軸はスピンの上下の数の差 (|●−○|)、縦軸は各配置の確率。C：温度 (横軸) を変えたときの帯磁率 (|●−○| の平均値)。

コーヒーブレーク 生物物理関係だけではないんですけれども、だいたい研究者には3つの性格、流儀があります。構造論が好きな人と、速度論が好きな人と、平衡論が好きな人とです。行ったり来たりが好きな人、徐々にしか動いていかなくて行ったり来たりが好きな人、これが平衡論タイプ。どっと動いていくのが好きな人、これは速度論の好きなタイプ。こういうのはどうも生まれつきじゃないかなと思っているんですけれども、私自身は平衡論が好きなんです。行ったり来たりをやっているうちに、少しずつ何か動いていくんだけれど、行ったり来たりの方が多いですよというのが好きなんです。だけど速度論が好きな人は、行ったり来たりもあるけれど、それはずっと動いていくのに少し付け足しで、帰っていくのもありますよという、そういうタイプの者。構造論は全然別の人種で、じっと頑張っているという、そういうのが好きな人なんです。純正物理では、半導体をやろうが磁性体をやろうが、私は半導体が好きで、私は超伝導が好きだというのは、おそらく自分の生まれつきの性格とはあまり関係ない部分ですけれど、生物物理の場合には、理論的な物理と違いまして、自分の性格を生かした方がいいです。何しろ相手が生物なものだから。

第5章

第I部のまとめ

本書前半部、サイコロとチップのゲームの話を終わるにあたり、ポイントをまとめておきます。

5-1　ボルツマン分布と等重率の原理の成立の順序

1つ目のポイントは、等重率の原理です。これは統計力学の一番基礎の原理ですけれども、やり取りを続けると最後には各微視的状態(チップ分配の仕方)が同じ回数実現するということです。ところが、すべての微視的状態が等確率で現れるのは最後です。それよりかなり前の時点で、各人のチップ枚数の分布が指数分布になります。各微視的状態が等確率に実現されていなくても、各人のチップ枚数の分布は指数分布になります。つまりボルツマン分布は、統計力学の基礎である等重率の原理が成り立つよりはるか前に実現してしまいます。さらに、各人の分布でボルツマン分布が成り立つより前に、全体でのチップ枚数の分布を見ると指数分布になっています。各人の分布はきれいなボルツマン分布にはなっていないけれども、全体を見ると結構良いボルツマン分布になっているということです。全体のボルツマン分布、各人のボルツマン分布、等重率の原理、と時間的にはこのような3段階で実現されます。統計力学そのものは等重率の原理を基礎にしてボルツマン分布を証明

---── ポイントの 1 ──---
やり取りをはじめる
1: チップが 0 個になる人が現れる
2: 各人が 0 個を経験。この頃に全体の集団平均がボルツマン分布
3: 各人が最高を経験。この頃に各人の時間平均がボルツマン分布
4: すべての分配様式が同じ回数実現 ＝ 等重率の原理

表 5.1 ポイントの 1：ボルツマン分布が実現した後、等重率の原理が実現。

するんですけれども、実際には、等重率の原理が成り立つよりもはるか前から、徐々にボルツマン分布が成り立ってきているということです (表 5.1)。

案外こういうのは自分で実験をして経験しないとわからないものなんです。統計力学の正式の講義は等重率の原理から始まります。等重率の原理が成り立っているとしてボルツマン分布を導くのは大変だなと思うんです。けれども、現実のシステムは微視的状態全部を等確率に実現するよりも前に、既に各部分のシステムはボルツマン分布になっています。さらに、それよりはるか前に全体はボルツマン分布を実現しています。この実現する順番が私の言いたかったことです。これは、暇なときに一遍、時間にそって記録して本当にそうだと確かめてみてください。

5-2　少数の成分でも統計力学が体験できる

2つ目のポイントは、箱の数やチップの枚数が少なくても大丈夫ということです。お見せした4つの箱に4枚のチップ、だから平均1つの箱には1枚のチップですけれども、そんな簡単なシミュレーションでも先ほどの3段階の分布が順番に成り立ちます。もちろん4つの箱に4枚のチップの例では、

---- ポイントの 2 ----
4 つの箱に 4 つのチップでも右下がり (指数関数近似が可)
→ 4 つの自由度でもエネルギーが定義できる

表 5.2　ポイントの 2：少数自由度でも統計力学が成立する。

　指数分布ではなくて右下がりの直線なんですけれども。右下がりになるというのは、非常に少数の分子で少数自由度でも、全エネルギーがわずかでも実現します。なので、その右下がりの直線を指数関数で近似しても大丈夫ですよということを言いたいわけです。式は指数関数で書いた方が数学的に便利なんです。

　各人の経験したチップ枚数の分布が指数分布、つまりボルツマン分布に近づくとわかったということは、たった 4 つの自由度でも温度が定義できるということなんです。つまり、ボルツマン分布を指数関数表記した時にエネルギーの下にかかる「$k_B T$ 分の」が決められるということなんです。だから大事な話です。4 つか 5 つの自由度では、厳密には指数関数にはならないから近似的にですけれども、ちゃんと温度というものが定義できるということです。それは、温度が測れるということを意味します。その 4 つの自由度とエネルギー交換できる 5 番目の棒を突っ込むと、その 5 番目の棒もエネルギーをもらえるとすると、温度を測れるわけです。後でその実例をお話しいたします (第 7 章)。

5-3　時間反転対称といつでも今が最高

　何度も言いますけれども、これはぜひ自分でサイコロを振ってやってみてください。面倒くさいけれども自分でやってみる。そうすると、ああそうかというふうに、表 5.1 の順番で現れるということがわかると思うんです。チームでやると結構楽しめるはずです。

　そのチップのやり取りを時間にそって記録したとします。その記録を見ると 2 つの事がわかりました。1 つは、時間反転対称になっているということです。時間経過を逆にしても同じようなでこぼこになっていると。もう 1 つは、いつでも今が最高になっているということです。この 2 点が非常に大事な点でした。

　この時、「実験してこうなりました。うん、なるほど。」と終わらずに、それならと考えて、時間経過を逆にしても同じでこぼこにならない場合や、いつも今が最高とはならない場合とはどういうときですか？と考えると、それは問題提起になるわけです。時間反転対称にならないのはどういうときでしょうか、と考えてみます。サイコロを振ってチップをやり取りしている場合は時間反転対称になりますね。それから、いつでも今が最高とならずに、ぽっぽっとチップがやり取りされる場合が最も多くなるのはどういうときですか、と考えてみます。こうしたことが 1 つの質問になって、極端に言うと、こうしたことを考えて良い例を見つけると論文が 1 つ書けるということです。私も書きましたけれども [13]。

　そういうのを考えるときには、図 2.3 や図 3.5 のようなネットワーク図をぐっと眺めて考えます。チップを受け取ったら次も受け取りやすいというのはどういうときでしょうか。時間反転対称にならなくて、上がるときは比較的すっと上がるけれど、下がるときは徐々に下がる、つまり、チップ枚数の

> ──── ポイントの3 ────
> - 時間反転対称
> - いつでも今が最高

表 5.3 ポイントの3：時間反転対称といつでも今が最高。

時間経過がのこぎり波型になるのはどういうときでしょうかと考えます。そうすると、ネットワークの矢印をどういうふうに描けば良いかと思いつくでしょうか。普通にサイコロを振っているとネットワークを結ぶ各線は行きと戻りが同じ確率であるから、行きと戻りで異なる確率となるにはどうすれば良いでしょうかと。というふうに自分で質問しながら考えてほしいと思うんです。これは私の教師としての、教育者としての望みであります。

コーヒーブレーク：異分野交流の重要性　研究をしている方へ。こんな統計力学の話を聞いても実験とは関係ない、と思わないでください。こういう話が、案外自分の実験に結び付くことが多いんです。何かしらの疑問、実験に関する質問が日夜頭の中を離れないということがあるでしょう。そういうときにこういう一見関係ない講義を聞いていれば、さてと思い付くことがあるんです。私も何回も経験しましたけれども、だいたい研究というのは、直接の仲間やライバル同士でディスカッションしていてもなかなか前へ進まない。ですけれど、少しテーマが離れた人で面白いと思ってくれる人と議論と言いますか、面白いと思ってくれる別の分野の人を面白がらせるように話をしていたときに、その人がふっと言う言葉が一番のプラスになるんです。ぱっと開けるという感じです。だからずっと頭の中に何か実験の問題が、理論の問題でも同じですが、あると思うんですけれども、少し離れた話をヒントにするといいことがあるというお話です。

第II部

生体の中の現象に統計力学を応用する

本書後半部では、前半でチップとサイコロのゲームを例にお話しした統計力学が、生体内における現象にどう関係しているかをお話しします。特に、1分子の動きを顕微鏡で観察・計測する技術を用い、分子が動くさまを実際に測定した例を中心にお話ししたいと思います。第6章では液体や気体のねばり (粘性) に関する話題を取り上げます。気体や液体中の物体の運動、さらには化学反応なども、チップとサイコロのゲームで理解できることをお話しいたします。

　第7章では1分子レベルでの局所温度という私の提唱している概念を説明いたします。第8章ではアインシュタインが分子の存在を結論づけたブラウン運動の話題をとりあげます。第6章と第7章は少し専門的な話が多くてわかりづらいかと思いますがご容赦ください。そのかわり第8章はまたサイコロを振ったり、書き出してもらったりするので、楽しんでいただけると思います。第II部を通じて、「少数分子の統計力学」という物理としても新しく面白い問題と、「生体内における分子のゆらぎ (曖昧さ) が持つ意味」という生物学としても新しく面白い問題が、どのように組み合わさるかをお話ししたいと思います。

第 6 章

エネルギーのやり取りとその時間

前の章で言いましたように (表 5.1)、金持ちになるのを各人が経験するのは 3 番目に実現されることです。その実現されるまでの時間はどのくらいか、ということを考えてみます。この疑問が反応論では非常に大事になります。

6-1　低粘度 (気体中) の運動

気体の中に球 (マクロの球で結構です) があって、それが周りの気体とエネルギーをやり取りしているとします。そして、気体が衝突したときに球はどのくらいの大きさのエネルギーを受け取りますか、また、たまたま球が大きいエネルギーを持つのにどのくらいの時間がかかりますかという問題を考えます。前に言いましたが (表 2.8)、注目する 1 つの箱が実はほかの箱と同じ物でも全然違う物でも、その箱のチップの枚数分布が指数分布になるというのは変わりません。指数分布になるというのは他人のせいなので、自分はどんな特殊な箱でも構いません。ですので、注目する分子を気体の中のほかの分子と違う大きな球にしてもよろしいんです。

この時、球に運動を起こさせるのは周りの分子からの衝突ですが、それと同じように、その運動を静めるのも止める方向からぶつかる分子の衝突です。だから、これは時間反転対称性とも関係しますけれども、運動を起こさせる

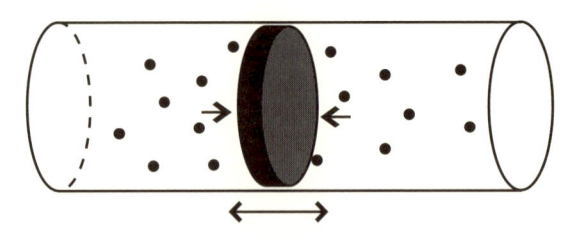

図 6.1 気体の中の大きな球の運動 (レイリーのピストン)。ピストン (真ん中の黒い板) に気体分子 (黒点) が左右から当たることにより、ピストンが左右に動く。板に運動を起こさせるのも、その運動を静めるのも、どちらも分子の衝突 (復元力のあるブラウン運動)。

衝突と運動を静める衝突とは同じ衝突であるということです。運動を起こさせる方については少し考えにくいですが、静める方については摩擦という概念があるので考えやすいでしょう。考えやすさ、考えにくさだけの違いですが、静める方を摩擦や粘性という視点で考えてみると、大きな球の速度が遅くなるのは摩擦のためということができます。球をしゅっと大きな運動エネルギーで運動させて、この運動エネルギーが気体の摩擦で減衰するのにどのくらいの時間がかかりますか、ということを考えます。エネルギーを失う場合を計算して、今度は逆にその時間を、気体の衝突によってある大きなエネルギーを持つのにかかる時間として見積もることができるというわけです。これは、摩擦が大きい方、つまり粘性が高い方が早く減衰します。そうすると、粘性が高い方が早くエネルギーをもらえると想像できます。このことは、この球がある大きさのエネルギーをもらった時に反応すると考えると、周りの粘性が高い方がその反応が早くなるということになります。摩擦大ならば、早く速度減少。時間を逆にすると、摩擦大ならば、早くエネルギーをもらえるということになります。時間を逆にするというのがみそです。ぜひこういう考え方に習熟してほしいです。慣れるとかなり使い道があるんではないかと思います。時間対称になっているということと、いつでも今が一番高いと

ころにいて後は平均値に向かって減衰していくということとは、このように使うことができます。

　時間を逆にするということですが、このような場合を考えてみてください。チップをやり取りしているときに、たまたま自分のチップが増えていきました。増えていったと思ったら、次は減っていきました。そのグラフを描いて、たくさん山が出たグラフを相当な回数描けたとします。そのグラフをきゅっとひっくり返してふっと眺めると、さっきと同じように見える。そういう意味です (図 6.2A,B)。例えばのこぎり波みたいな模様を描きます (図 6.2D)。上がるのはなかなか上がらないけれど、下がる方は早く下がるという絵を描いて、ひっくり返すと違いがわかるでしょう。もともとは遅く上がって早く下がるという絵でしたのに、その絵の時間を逆転すると、早く上がって遅く下がる絵になる。だから、明らかに模様が違うとわかるでしょう。これは時間非対称性がある場合の例です。ところが、サイコロを振ったときのチップ枚数の時間経過をグラフに描いて、ひっくり返したのを眺めると、先ほどのような非対称性の差が見えない (図 6.2A,B)。これは、上がるときの上がりっぷりと、下がるときの下がりっぷりがだいたい同じということです。上がるときは早いけれど、下がるときは遅いというようなことはありません。たまたまそういうことはあるけれど、長い記録を見るとどちらも同程度に現れているということです。それが、時間を逆にしても同じ模様に見えるという意味なんです。

　気体中の球の運動の話で考えますと、一度運動が激しくなった球の運動は、摩擦が大きいほど早く静まります。ということは、一度止まった球が周りの分子と衝突して速度をもらうときには、摩擦が大きいほど早く速度をもらいます。先ほどの原理で時間を逆にしても同じというんだから、止まるのが早い摩擦が大きい球ほど速度をもらうのも早いということになります。時間を

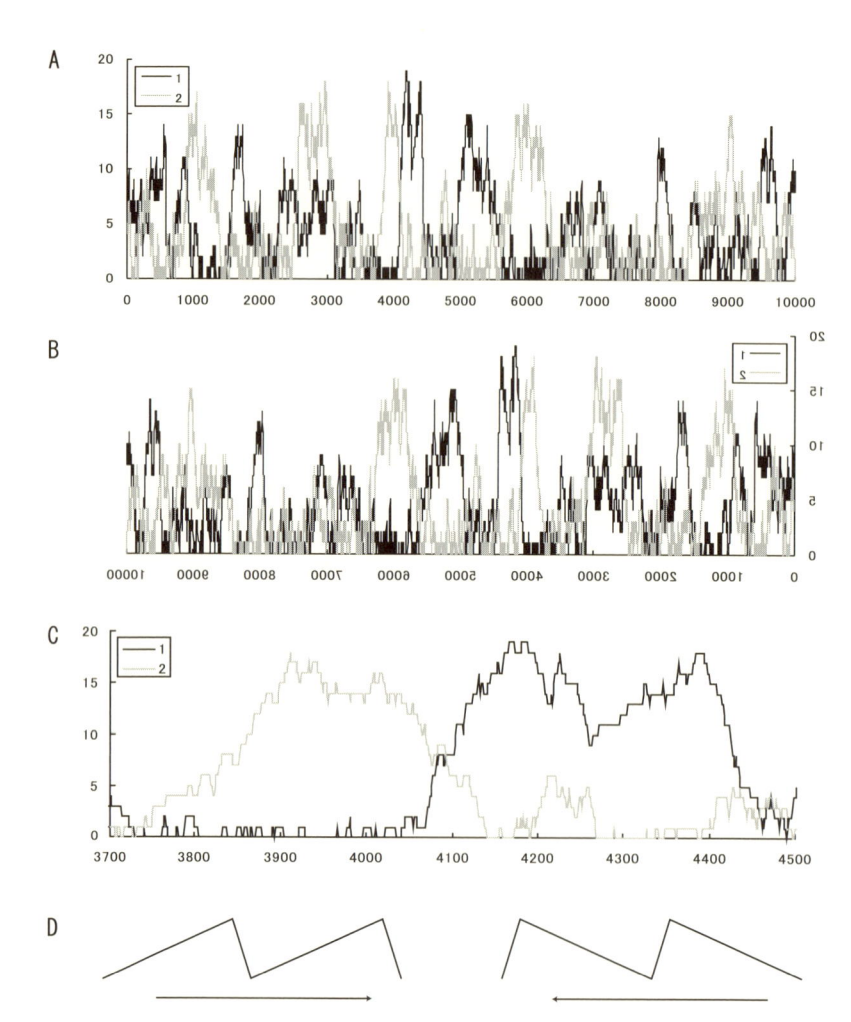

図 6.2 時間反転対称性。A：6 人で 30 枚のチップを 10,000 回やり取りしたとき、6 人のうちの 2 人に着目し、それぞれの持つチップの数の増減をシミュレーションした (1 番の人が黒、2 番の人がグレー)。ルールは一番最初に行ったもの (演習問題 1) と同じ。横軸がやり取りの回数で、縦軸が各自の持っているチップの枚数。B：A を左右逆に表示。C：A の一部 (3,700 回目から 4,500 回目のやり取りまで) を拡大表示。D：時間反転非対称性の例。遅く上がり早く下がる (左) の時間を反転すると、早く上がり遅く下がる (右) になる。矢印は時間の進行方向。

逆にしても同じ、速度のもらい方も失い方も同じなので、速度を失うのが早い球はもらうのも早いという、それだけのことなんです。

これはぜひ、サイコロを振ってやってみてください。一遍でもそういうことをすると、あのときあんなことをしたなと一生覚えているものです。そうすると使い道があるんですけれども。話を聞いただけで実験しないと、てんで覚えていないものです。

6-2　高粘度 (液体中) の運動

ここまでの話は気体中の運動でしたが、液体の中では話がちょうど逆になります。例として、Fアクチンの曲げ運動を考えます。図6.3は、Fアクチンが液体の中で曲げ運動をしている写真を元に作製したイメージ図です。この曲げ運動の場合には、曲げ運動が熱的に起こっています。液体の中の細いFアクチンの棒に外からの分子が熱運動で当たると、Fアクチンが曲がって熱運動します。これは、いったん曲がったのが戻るとき、摩擦が大きいとなかなか戻らない。Fアクチンがぶんと曲がって真っすぐに戻る時間 (緩和時間) は、粘性が高いほど遅くなります。さっきと全く逆です。これを時間を逆にして言うと、粘性が高い方がなかなか大きく曲がることができない、曲がって弾性エネルギーをもらうことができないということになります。弾性エネルギーが高くなる状態がなかなか実現しないんです。弾性エネルギーを受け取り、その弾性エネルギーを使って何か他の反応をするというシステムだとすると、粘性が高いほどその反応は起こらないということになります。これは先ほどの気体中の粒子の衝突の話とは、粘性との関係が逆になるというお話です。

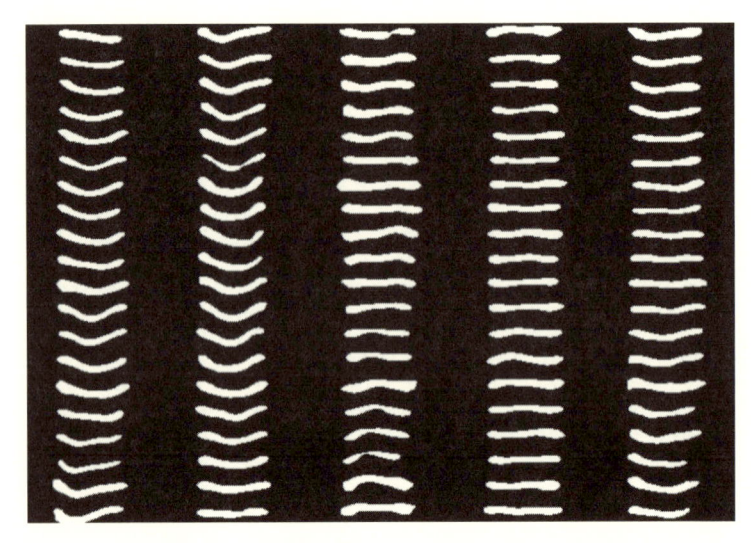

図 6.3 F アクチンの液体の中での曲げ運動。F アクチン (with HMM) の長さは約 $10\mu m$。時間間隔 (上下) は 1/12 秒。緩和時間 τ は、粘性 (または摩擦) を ζ、弾性率を ε とすると、$\tau \propto \frac{\zeta}{\varepsilon}$ で表せる。図は 1980 年の論文 [14] の写真 (暗視野顕微鏡像) を元に作製したイメージ図。

気体中で運動エネルギーを受け取る場合には、粘性が高いほど早くエネルギーをもらうチャンスができたんですけれども、液体中で弾性エネルギーを受け取る場合には、粘性が高いほどエネルギーをもらうチャンスがあまりない。つまり、粘性との関係が逆になっているということです。なぜ気体と液体の場合で違うのかというと、衝突する粒子の密度が違うんです。衝突してくる頻度が全然違うということに注意してください。気体の場合には衝突してくる粒子の密度が小さいから、たくさん衝突してくる粘性が高い方がエネルギーを多くもらえる。ところが、液体の場合には衝突してくる頻度が元々高いから、あまり衝突ばかりしているとエネルギーをためておくことができない。だから粘性が低い方が良い。そういう違いがあります。

どちらにしても、平衡状態でエネルギーの高い状態になる確率はどのくらいかという問題を考えるときに、話を逆にして、エネルギーの高い状態でその中に置いたらどのくらいの時間で平均値に減衰するかということを考える。時間反転対称性から、それが今度は周りとの相互作用でエネルギーが高くなるのにどのくらい時間がかかるかということの見積もりになっている。これが一番言いたいことです。

6-3　低粘度と高粘度：シス・トランス変化

次の話は、同じように考えて良いのかどうかわかりませんけれども。光を当てるとトランス・スチルベンがシス・スチルベンに変換するという例があります。その反応速度は粘性によって変化します (図 6.4)。粘性が低い領域で

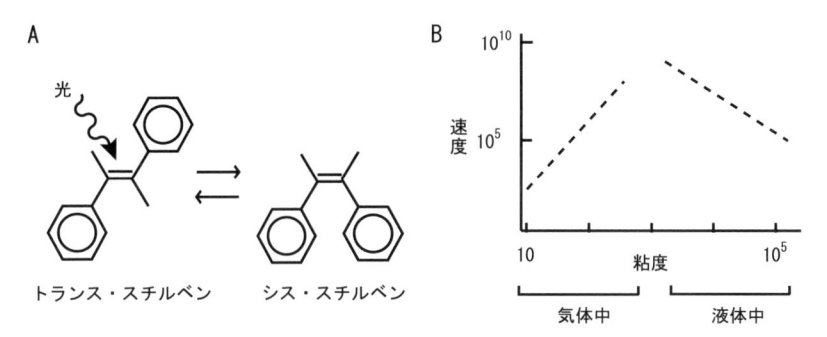

図 **6.4**　スチルベンのシス・トランス異性化速度の粘度依存性。A：光照射によるスチルベンのシス・トランス異性化。炭化水素の一種であるスチルベン (stilbene) は、紫外線を照射することによりトランス体 (左) からシス体 (右) へ、シス体からトランス体へと異性化する。B：この異性化の速度を縦軸、粘度を横軸にとったグラフ。粘度が低い領域 (気体中に対応) では粘度が大きくなるにつれて反応速度も大きくなるが、粘度が高い領域 (液体中に対応) では粘度が大きくなるにつれて反応速度は小さくなる。文献 [15][16] を元に作製したイメージ図。

は、粘度が大きくなるにつれて反応速度も大きくなるので、これは気体の場合と同じです。粘性が高い領域では、粘度が大きくなるにつれ反応がだんだん遅くなるので、液体の場合と同じです。これはクラマース[1]が 1940 年に予言したことです [17]。実験結果が出たのは、1980 年代の話です [15][16]。

　本当はもっとしっかりした理論を立てて、粘性の高い方と低い方とを共通して連続的に書ける力学の方程式を導くべきなんですが、直感的に今のような見方をすることができる、ということで紹介しました。この話の総説は物理学会誌に出ています [18]。この総説ではもっときちんとした説明が出ていますが、ここで言いたいことは、粘性が低い方は衝突エネルギーをもらう場合 (気体中)、粘性が高い方は摩擦でエネルギーが減衰する場合 (液体中)、ちょうど真ん中あたりに最もエネルギーをもらいやすい状態があるのではないかということです。あまり密度が疎でも、密でもエネルギーを受け取りにくくて、良いかげんの時が一番エネルギーをもらいやすいということです。がちゃがちゃ衝突し過ぎると、エネルギーをずっとためていくことができない。疎にしか衝突しないと元々もらえない。ちょうど良いかげんの衝突具合のときが一番エネルギーを受け取りやすい。そういう話です。

6-4　ATP 加水分解の 1 分子計測

　化学反応では速度定数を k と書きます。分子がたくさん、例えば n 個あれば、単位時間に反応する分子の数は、$k \times n$ 個になります。ここで速度定数

---

[1] Hendrik A. Kramers (1894-1952) の 1940 年の論文 [17] で、系の状態を表す仮想粒子が座標 X に沿うブラウン運動により 2 つの井戸間の障壁を越える過程として、化学反応を (あらかじめ熱平衡を仮定せず) 定性化した。

第 6 章 エネルギーのやり取りとその時間　83

> ゆらぎの中で平均から 大きくずれることがたまに起こる
>   どのくらいの時間間隔で？
>   どのくらい時間がかかるか？
> 例
>   気体の中の球： 　たまに大きな速度をもつ
>   ねじれ、曲げ： 　たまに大きな変形をする
>   化学反応： 　　たまに高いエネルギー状態になり反応が起こる
>   生き物では？

表 6.1 ゆらぎの中で平均から大きくずれることが、たまに起こる大事件。

k というのは n 個の分子は同じチャンスで、刻々と k という速度で、反応式の右側へ行くこともあるという確率で定義しています。つまり、現在反応前の状態である分子はすべて等確率で、しかも時間が経過してもまったく同じ確率のままで、それまでの経験いかんにかかわらず反応を進めるということになります。瞬間瞬間に等確率で反応をするということは、ある瞬間にたまたま高いエネルギーになる確率が等しいということです。じりじりとエネルギーをためていてある点を越したら反応するとした場合には、ためていたエネルギーが引っ込んだ後も履歴が効くことになりますが、そういうことはありません。今の時間スケールでは、過去の履歴やそれまでの経験はまったく考慮されず、刻々同じ確率で突然しゅっとエネルギーが高い状態になるわけです。

船津高志[2]さんという人が 1995 年に、個々の反応を 1 つ 1 つ観察するというすごい実験を行いました [19]。筋肉を動かすミオシンという分子は ATP を加水分解して力を発生します[3]。そのミオシンが ATP を分解する過程を直接

---

[2] ERATO 柳田生体運動子プロジェクトのグループリーダーとして 1 分子蛍光イメージング法の開発に取り組み、世界で初めて成功させる。早稲田大学助教授、同教授を経て、2004 年より東京大学教授。

[3] 生命現象の多くの化学反応は、ATP (adenosine triphosphate、　アデノシン三リン酸) を ADP

見るために、ATPに蛍光色素を化学的につけまして、ガラス面に固定されたミオシンにこの蛍光性ATPを加え、結合解離する様子を顕微鏡で観察します。全反射(エバネッセント)顕微鏡という特殊な装置を用いると、1分子の蛍光性ATPがミオシンと結合しているときだけ1つの輝点として観察できます。結合していないで溶液中を自由にブラウン運動しているときは見えません。ミオシン上で蛍光性ATPが蛍光性ADPとリン酸に加水分解され、蛍光性ADPがミオシンから解離すると輝点は消える。こうしてたくさんの反応について得られた点滅時間 t の度数 (n) の分布を調べると、

$$n \propto e^{-kt} \tag{6.1}$$

という指数分布を示しました。ここで k はミオシンの反応速度定数で約 0.05 s^{-1} に一致します。

ミオシン分子の上のATP 1分子の反応時間が指数分布したということは、その1個1個が今までそこに何秒いたかに関係なく、次の1秒に次の反応がある確率で起こるはずです。ミオシンでのATPの加水分解反応では、律速段階となる過程(反応時間が一番長い素過程)はリン酸(P)が離れるときだと予想されています。ATPがミオシンに結合した直後にはADPとPに分解されて、ミオシン分子にくっついたまま次がなかなか進まなくて、ミオシン単独だったら何秒もかかってやっとPが離れていく[4]。Pが離れたらADPもぱっと離れるはずですが、そのPが離れようというところまでいくのに、どこかに高いエネルギーをためなきゃいけないわけです。ミオシンという1分子の上で1個のATPを眺めていて、確かにそのエネルギーをためるのが見えたん

(adenosine diphosphate、アデノシン二リン酸) とリン酸基に分解する際に放出されるエネルギーを利用して進行する。

[4] ミオシン単独では平均約 20 秒と非常に遅いが、アクチン線維との相互作用がある場合にはそれが数百倍速くなる。

だから、船津さんの実験は大変な成果だと思うんです。

　船津さんの実験結果で反応までの時間が数式 6.1 のような指数分布を示したということは、k という速度定数が、ミオシン (M) と ATP の 1 分子について式 6.2 のような 1 段階反応で定義できるということです。

$$M + \text{ATP} \xrightarrow{k} M + \text{ADP} + \text{P} \tag{6.2}$$

ということは、第 I 部でのサイコロゲームにたとえると、たまたまエネルギーが高くなるためには、じりじりとためてゆくのではなくて、ある日突然ぱっぱっとチップがたまってしまうということでないと、指数分布となる結果にはならないわけです。だから、ゆらぎの中で平均から大きくずれることが、たまに起こる大事件になります。その時間間隔がどのくらいであるのか、繰り返しになりますが、たまに起こる反応が今までの経験によらずに刻々同じ確率で起こるということは非常に大事なことで、これによって化学反応が速度定数を定義して記述できるということを保証しているのです。

　これがたった 4 つの箱で、サイコロでもそうなるということを経験できたのだから、なかなか面白いですね。じりじりとたまらなくて、ある日突然たまりますよというのを我々が経験するためには、4 つの箱に 4 つのチップでは少し物足らなくて、もう少したくさんでやってくださる方がいいんですけれども。

　一方で、第 6-2 節で述べたアクチン線維の曲がりの場合は違います (図 6.5)。この場合はミオシンの反応のようなあるとき突然ではなくて、アクチン線維の周りで猛烈にたくさんの水分子の衝突がしょっちゅう起こっていまして、もうどうともならないところを、わずかにあちらへこちらへ行かなきゃいけない。どのくらいで曲がるかという時間は、粘性が高い方が長時間かかるわけです。この粘性を先ほどのような反応速度の説明でやると、真っすぐになっ

図のような模式図。

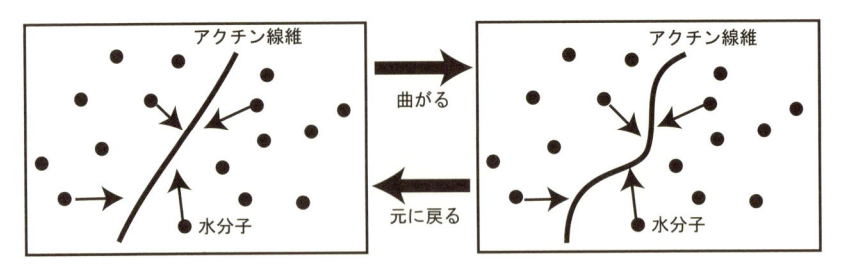

摩擦（粘性）大
- いったん曲がったのがまっすぐに戻るとき → なかなか戻らない
- 時間を逆（まっすぐなのが曲がるとき） → なかなか曲がらない
  （なかなか弾性エネルギーがたまらない）

図 6.5　液体 (高粘度) の中の細い棒 (アクチン線維) の曲げ運動の模式図。

たのが突然ひゅっと曲がるような印象を与えますが、この場合にはそうはなりません。それは大事なことなので、その話はまた次の節 (第 6-5 節) でします。

今のような分子が当たるとエネルギーをもらうという話については、先ほど第 6-1 節で少しお話ししました。これは、100 年以上前にレイリーさん[5]さんが考えた古典的な話があります。1 次元の丸い筒の中に、すき間がないように丸い板を置いて、分子がぽんぽん左右から当たりながら運動するピストン様の物を考えたのが図 6.1 です。真ん中の円盤状の物体の質量を M で速度が V とすると

$$\varepsilon = \frac{1}{2}MV^2 \tag{6.3}$$

が運動エネルギーになります。そのときに、当たる方の分子の運動エネルギーの平均は分子の質量を m、速度を v とし、k_B をボルツマン定数、T を絶対温

---

[5] Lord Rayleigh, John William Strutt (1842-1919)。イギリスの物理学者。光のレイリー散乱、黒体放射、アルゴンの発見、流体力学におけるレイリー数や毛細管現象の研究などに幅広い業績を残した。1904 年ノーベル物理学賞受賞。

度とすると

$$\left\langle \frac{1}{2}mv^2 \right\rangle = \frac{1}{2}k_B T \tag{6.4}$$

になります。すると、数式 6.1 のエネルギーを持つ確率の分布 ψ は

$$\psi \propto e^{-\frac{1}{2}MV^2/k_B T} \tag{6.5}$$

となるというのを、ちゃんと力学を解いて証明しています。だからこれはえらく古典的な問題です。伏見康治[6]さん の『確率論および統計論』[20] という名著があります。戦前に出版されていまして、戦後に再版されています。上述のレイリーのピストンの話はその中に詳しく書いてあります。この本の最初の方では大きな系での分配の仕方の数式が出てきまして、後の章には、アップルパイの作り方 (パイこね実験) という、よく使われているカオスの例がそのまま出てきます (本章末のコーヒーブレークを参照)。

6-5　粘性とは何か

第 6-1 節と第 6-2 節で、気体における粘性と液体における粘性、それから弾性エネルギーというのに対する粘性と運動エネルギーに対する粘性とでは効き方が正反対であるという話をしました。けれども、液体、気体を含めてそういうのをまとめて、粘性とはどういうものかというのを戦争直後に一生懸命研究した人がいます。今あまり注目されていませんので紹介いたします。

カークウッド[7]さんという人が、戦後まもない 1946 年から 1949 年にかけ

---

[6] 伏見康治 (1909-2008)。日本の理論物理学者。大阪大学、名古屋大学の教授として統計力学の分野で大きな業績を上げたのち、プラズマ研究所初代所長、参議院議員などを経て国内外の研究環境の整備に努めた。

[7] John G. Kirkwood (1907-1959)。アメリカの理論物理学者。統計物理学、流体力学、熱力学、物理

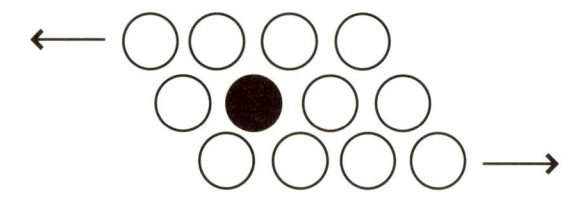

図 6.6 分子の分布の流れによるズレと粘性。カークウッドによる粘性の分子による表現。

て『Journal of Chemical Physics』という雑誌に、粘性を分子間力でどういうふうに表すかという一連の論文を発表しました [21][22][23][8]。粘性というのは流れていますから、定常状態は実現しますけれども、平衡状態ではないのです (図 6.6)。そういう平衡状態でないものを、分子がどういう並び方をしているかという分子分布関数で

$$\eta = \frac{N^2}{V^2}\frac{1}{15}\int_0^\infty R\cdot\left(\frac{d\Psi}{dR}\right)\cdot g^*(R)\cdot 2\pi R^2 dR, \qquad (6.6)$$

$$g(R) = g_0(R) + g^*(R)\cdot [流れ] \qquad (6.7)$$

というふうに表現できます ($g(R)$ は分子分布関数、$\Psi(R)$ は分子間力ポテンシャル)。

　この 1946 年のパート 1 の論文 [21] では、戦争が終わってやっと論文が書けるようになって、長大な序文の論文を書いています。おそらく戦争中の研究だと思いますが、これからどういうことをやりたいんだということも含めて自分自身で感激しながら書いているわけです。このころの論文はなかなかいいので、ぜひ暇があったら読んでみてください。そして粘性とはいったい何だろうかという問いは、エネルギーをもらったりやったりすることの気体、液体を通じての、あるいはエネルギー損失についての非常に基本的な問題で

化学など幅広い分野に業績を残した。
　[8] このシリーズは 1954 年の VIII まで続いた。

すので、ぜひ研究、勉強してみてください。当時はかなり注目されていましたが、今は注目する人が少ないのであまり教科書にも引用されていないです。しかし、物理のこういうことを好きな方にとっては、粘性の本質は何か――たとえば、バクテリアモーターが回っているときの摩擦とは本質的に何であるかとか、分子間力としてどういうものであるかというのは、ぜひとも考えなきゃいけない話なのです。

6-6　気体の中につるした鏡のねじれ運動

　もう1つ、分子が当たるとどういう変形をするかについての話をします。先ほどのレイリーのピストンの話は運動エネルギーだったんですが、これから述べるのはねじれのエネルギーについてです。気体の中に細い糸でつるした鏡のねじれ運動を調べると、弾性エネルギーはどういうふうに蓄えられていくでしょうか(図6.7)。『大学演習　熱学・統計力学』[24]という問題集の中で、この鏡のねじれ運動は力学として解いてあります(第10章演習問題A-6)。ねじれのエネルギーは、

$$\varepsilon = \frac{1}{2}K\theta^2 \tag{6.8}$$

ここでKはねじれ弾性定数、θがねじれ角です。するとエネルギーの分布は

$$\mathrm{e}^{-\frac{1}{2}K\theta^2/k_B T} \tag{6.9}$$

となります。

　この鏡のねじれ運動についてはカプラー[9]さんが1931年に行った有名な実

---

[9] Eugen Kappler (1905-1977)。ドイツの物理学者。微小回転振子のブラウン運動の研究で学位を取得

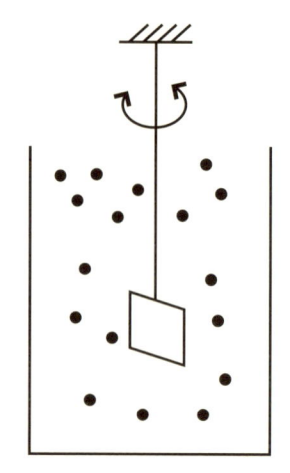

図 **6.7** カプラーの実験：気体の中に細い糸でつるした鏡のねじれ運動。このとき、ねじれのエネルギーは $\varepsilon = \frac{1}{2}K\theta^2$ (数式 6.8)、エネルギーの分布は $e^{-\frac{1}{2}K\theta^2/k_BT}$ (数式 6.9)。

験があります [25] [10]。空気中に表面積 1 mm² の小さな鏡を吊り下げてその鏡に光を当てます。その鏡のわずかなゆらぎが、反射光として拡大されて測定されています。こういう実験をするときは当然そういうことをするでしょうけれども、空気の密度を変えたときにどうなりますでしょうか。密度が高いとき、あるいは密度が低くなるとどうなるでしょうか？

糸に吊られた鏡は弾性エネルギーを持つので、自分で揺れますね。弾性力によって回復力があるので図 6.8 のような運動をしているわけです。それにぽんぽんと分子が当たっているわけですが、気体の密度が高いとき、つまり気体の分子がたくさんあるときには図 6.8B のような運動で、極端なゆらぎがなかなか帰りません。一方、気体の密度が低い図 6.8D では分子がたまにし

し、戦後はミュンスター大学の実験物理学教授として戦争で破壊された研究科を立て直しつつ、貴金属の研究に努めた。

[10] カプラーの実験に関しては、日本物理学会誌の雑音特集 (1967 年) に小野周さんが実験の簡明な解説を書いている [26]。また、参考文献の [27] にも解説がある。

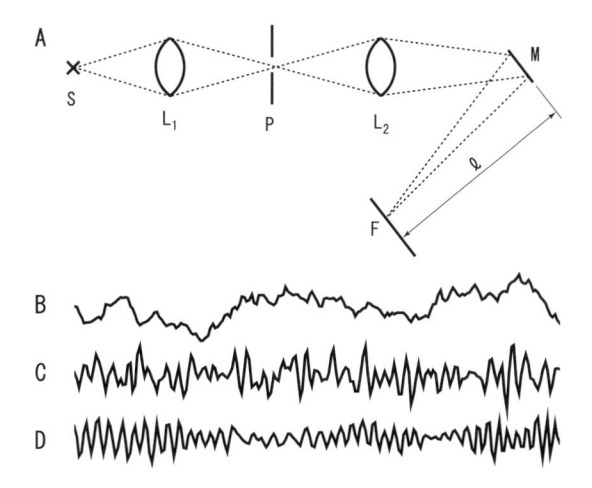

図 **6.8**　気体の中に細い糸でつるした鏡のねじれ運動を光学的に測定したカプラーのイメージ図。A：測定系。B：1 気圧のときのゆらぎ。C：低気圧のときのゆらぎ。D：極低気圧のときのゆらぎ。

か当たらないので、鏡自身の弾性運動である振動運動をしています。図 6.8C が中間です。温度はすべて同じです。このうちのある 1 つの絵を描いておきまして、これより圧力を高くしたときと、温度を高くしたときの絵を描きなさいという問題を、昔大学院の入学試験に出したことがあるんです。なかなかいい問題でしょう。別に理論でどうというんじゃなくて、直感で絵を描きなさい、という問題です。

それでエネルギーを持っているこの分布は、力学を解いても数式 6.9 の指数分布になります。気体の方の運動エネルギーの平均値を使いますと、下の式になります。

$$\langle \theta^2 \rangle = \frac{k_B T}{K} \tag{6.10}$$

すると、平均を出すとゆらぎの平均は $\frac{1}{2} k_B T$ になるというのが出てきます。

$$\langle \theta^2 \rangle = k_B T \frac{1}{K}$$

$$\begin{bmatrix} ねじれ角の自発的 \\ ゆらぎの2乗平均 \end{bmatrix} \propto T \times \begin{bmatrix} 外力をかけたときの \\ ねじれやすさ \end{bmatrix}$$

表 6.2 ねじれ角の自発的ゆらぎと、外力をかけたときのねじれやすさ。

当たる方の気体の運動エネルギーの平均値 ($\varepsilon = \langle \frac{1}{2}mv^2 \rangle$) を $\frac{1}{2}k_B T$ にしておくと、当たられた方の弾性エネルギーの平均値 ($\varepsilon = \frac{1}{2}K\langle \theta^2 \rangle$) も $\frac{1}{2}k_B T$ になりますというのが力学で出てくるという話です。ねじれの弾性率 K は、外からねじる力 F をかけたときにどれだけねじれますかというのがもともとの定義で、ねじれ角 θ に逆比例します。

$$\frac{\theta}{F} = \frac{1}{K} \tag{6.11}$$

K が大きいと堅いわけですから、なかなかねじれなくなる。だから外から力をかけてねじれ角が大きいと粘性が低いというふうに弾性率を測ることができます。それと同じ弾性率 K がゆらぎの係数として数式6.10に出てきています。

というわけで、外から力をかけたときに回復しようという力である弾性率と、熱運動の中で周りと熱平衡にありながら自分で曲がっているときの弾性率とは、同じ弾性率であることがわかります。自発的なゆらぎを決めている弾性率と、外から力をかけたときの曲げの弾性率とは、同じ弾性率であるというのが証明されたといいますか、そうでないと困るわけです。そうであるからこそ、いろいろな統計力学がうまくいくというわけです。

第6-2節のアクチン線維の曲げ運動のとき (図6.3、図6.5) は、これはもう

> 周りとの熱エネルギーのやり取りで動くときの摩擦 (動きやすさ) と
> 外力によって動かされるときの摩擦 (動きやすさ) とは同じ。
>
> 周りとの熱エネルギーのやり取りで曲がるときの柔らかさ (堅さ) と
> 外力によって曲げられるときの柔らかさ (堅さ) とは同じ。
>
> 熱エネルギーの平均は決まっているので、(温度一定なら)
> ゆらぎ (内力) ∝ 感度 (応答、外力)

表 6.3 ゆらぎ (内力) と感度 (外力に対する応答)。

液体の中ですから、曲げの熱運動の振幅の 2 乗平均は

$$\langle q^2 \rangle = 2\left(\frac{k_B T}{\varepsilon}\right) \cdot \frac{L^4}{\pi^4} \tag{6.12}$$

となります。この q は曲げの振幅ですので、フィラメントの長さ L に依存します。ε が曲げ弾性率です。すると、緩和時間 (復元時間) τ は

$$\tau = \left(\frac{\zeta}{\varepsilon}\right) \cdot \frac{L^4}{\pi^4} \tag{6.13}$$

となります。今度は弾性率 ε が分母にあって、分子に摩擦係数となる粘性 ζ (ゼータ) があります。粘性が高いと復元時間が長くなるというふうに依存します。これも長さが 4 乗で効きますから、非常に大きく効きます。

外から外力で曲げておいて弾性力学で戻るのを解いたときの復元時間と同じものが、自分で揺れているときの摩擦として効きます。それから回復力としては、曲げられたときと同じ弾性率も効きます。両方とも自分でゆらぎのときに働くのと、外力のときに働くのとは同じ摩擦係数であり、同じ弾性率であるというのが大前提といいますか、そうであるからいろいろな話がつじつまが合って、丸く収まると、そういうことです。くりかえしますと、周りとの熱エネルギーのやり取りで動くときの摩擦 (動きやすさ) と、外力によっ

て動かされるときの摩擦 (動きやすさ) とは同じである。あるいは、周りと熱エネルギーのやり取りで曲がるときの柔らかさ (堅さ) と、外力によって曲げられるときの柔らかさ (堅さ) は同じであるというのが、こういう議論のときの大事な話です。当然、何でかなと一時思うわけですが、これがこうなっているからすべてうまいこといくのです。

最初にこういうことを気にしてきちんと書いたのは、アインシュタイン[11])のブラウン運動の話ではないかと思うんです。第 7-7 節や、第 8 章で詳しく述べますが、1905 年の論文で、ブラウン運動のときに出てくる摩擦係数とマクロの摩擦係数が同じ意味の摩擦係数であると証明 [28] しました。本当かどうかは確かではありませんが、統計力学にまつわる原理なのです。

まとめると、ゆらぎを測ると外力をかけたときの弾性率がわかる。それからゆらぎを測ると、ゆらぎを起こしている系の温度がわかるということになります。ゆらぎを測ることによって、弾性率がわかっているとすると温度がわかり、温度がわかっているとすると弾性率がわかるのです。この話については、次章で具体的な例を挙げながら述べます。

---

[11]) Albert Einstein (1879-1955) は、ドイツ出身の理論物理学者。相対性理論の基礎を築き上げた。また、光電効果の理論的解明によって 1921 年のノーベル物理学賞を受賞。

コーヒーブレーク：パイを作る話－カオスの例　小麦粉をこねて、縦横 10 センチ高さ 2 センチのお菓子のパイを作ります。そのどこかに赤いサクランボを置きまして、ぎゅっと横の方だけ長さ 20 センチに伸ばして、真ん中のところでぱたんと折り曲げる。するとまた高さ 2 センチになります。同じようにまた伸ばして折り曲げる。この作業を繰り返すとサクランボの位置 x は、最初の位置 x_1 から次に折り曲げたときに x_2 になりますね。その x_2 を x_1 のどういう関数で表すかというのが、現在でもよく使われている、カオス[a]を作る一番典型的な例になります。これも方眼紙を使って実験するとよいです。伸ばしては畳みを繰り返すとサクランボの位置が変わり、その位置を記録します。あまり詳しく記録するのも大変だから、位置は左半分か、右半分かというのを記録します。右を A、左を B とすると、A、B、A、B の文字列ができます。20 回やったら A、A、A、B、B、A、B、A、A、B、B、B、B、A、A、A、B、B、A などと出ます。その配列を眺めますと、最初のサクランボの位置がわかります。つまり今までの経過が全部わかると、最初の状態が特定できるのです。ところが次に 21 回目、伸ばして折り曲げたときに、サクランボは右に行くか左に行くかは皆目わからないのです。それが当時のカオスの例。当時はまだカオスという言葉は使っていなかったかもしれません[b]。私と物理学科の同級生だった柳瀬睦男さんの文章に、今こうなっていればずっとさかのぼれる原因が必ずあるというのが因果律であって、将来のことを言っているわけじゃないと書いてあるんですけれど[c]私も、はて、そうだなと思いました。パイこね実験では、ぱたんと折り曲げた後に右に行くか左に行くかは全然わかりません。それは将来のこと、明日のことはわかりませんといって、芸大の学生に講義をするときの格好の題材になります。

---

[a]初めの状態がわかっていて、その後の運動法則もわかっているが、その振る舞いが予測できない複雑な様子を示す現象。初めは小さな差であってもやがて大きな差となる「バタフライ効果」などが有名。

[b]伏見康治著『確率論および統計論』[20] では「集団の無秩序性」という表現を用いている。この本の中でのパイこね実験は主としてエルゴード性 (付録 B を参照) を直観的に導出する例として用いている。

[c]例えば、文献 [29] の 163-164 ページ：「因果性の原理というのは、ある命題が、あるいはある事象があるならば、それを引き起こす原因がどこかにあるだろうということです。実はその逆は因果性の原理とは言わない。ある原因があれば必ずある結果があるだろうということは、因果性の原理ではない。ここを注意しておいて下さい。結果から原因に遡ることと、原因から結果をいうこととは別なことです。」

第7章
局所温度

7-1 箱の外から局所温度を測る

　第6-6節の最後に述べました、ゆらぎと弾性率と温度の話は、分子機械のスライド運動のメカニズムの話と非常に関係がありまして、気になっている話なんです。ゆらぎを測ると、外力をかけたときの弾性率がわかる。弾性率がわかっていて、しかも温度も測れているときに、ゆらぎを測って、その弾性率とその温度で説明できないゆらぎが観測されたら、そのゆらぎを起こしている自由度の温度は、我々が測っている温度と違うんじゃないかというふうに疑問を出すわけです。そういう使い道があるわけです。ひょっとしたらこの局所的な温度は直感的な、我々が普通に測っている温度と違う温度が効

ゆらぎを測ると

- <u>外力をかけたときの弾性率がわかる!!</u>
- <u>ゆらぎを起こす系の温度がわかる!!</u>　　←　　ローカルな温度も

$$\frac{変形}{外力} = \frac{応答}{環境の変化} = 感度 \propto 熱ゆらぎ(自発)の自乗平均$$

ミクロな熱運動とマクロな物性との関係!!

表 7.1 ゆらぎ(内力)と感度(外力に対する応答)。

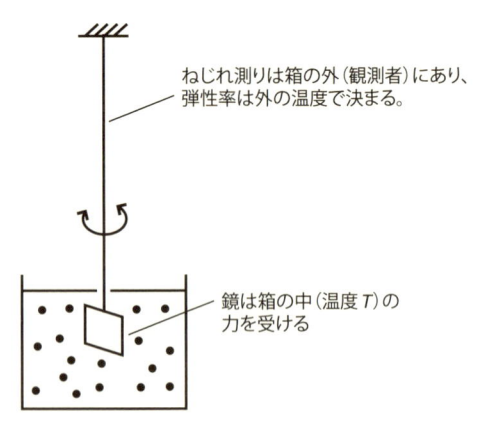

図 **7.1** カプラーの実験の発展：局所温度を測る。鏡は箱の中にあり、ねじれ測りは箱の外にある。箱の中の気体の温度 (T) でねじれの力が決まるが、ねじれの角度はねじれ測り (外の温度) の弾性率で決まる。

いているのではないかと思う、そういうことにこういう話を使うんです。昔話としてはここまで書いてきただけのことなんですけれども、現代としてはむしろそういうふうに使っていきたいわけです。弾性率の変な値が出ましたよといったら、じゃあ、何か原因があるんですねと。静的に測ったときと、外からの力で変形させたときとで、違う弾性率が出てきましたよといったら、それは何か原因があるねと。そこでまた違う温度が出てきましたよといったら、何かその自由度は特別な状況があるんですね、というふうに考える。

図 6.7 のカプラーさんの鏡のねじれ運動だと、まあ昔だったらこういうねじれ運動を測って、熱力学が確かだからボルツマン定数 k_B の値でも求めましょう、そして弾性率を出しましょう、というような話になったでしょう。いまは逆に先程言いましたように、弾性率がわかっていたらこの鏡の周り (箱の中) の温度 (T) が測れますという話にしたいわけです (図 7.1)。ただ、鏡は箱に入っていて、箱の中で熱運動していて、曲げられている。だから、箱の中

の熱運動の温度はわかりますけれども、この測りは外に出ているんです。つまり、気体の中にねじれ測りを入れて測っているんですが、このねじれ測りの温度は、別に箱の中の温度 (T) じゃなくてもいいんです。だから外からプローブ (探針) を付けて、プローブが行き着く先の温度 (T) がちゃんと測れるというのがみそです。そこのローカルの温度 (T) が測れる。そのとき、そのねじれ運動の弾性率は、測定者がいる外の温度の弾性率を使うんです。ただ、そういうふうに測った T は中の気体の温度で、別に外 (自分) の温度じゃなくていい。だからこういうふうにプローブとして使うことができるんです。中の自由度の温度を測ったり、中の自由度と接触できる、エネルギー交換できるプローブを外から入れたということなんです。

7-2　F アクチンの "曲げ" 運動

　F アクチンの曲げの熱運動を測った私たちの実験のお話をします。図 7.2は、F アクチンにミオシンの頭、分子を作用させまして、さらに ATP を作用させて、ATP 分解を起こさせながら、曲げ運動を測っている写真のイメージ図です [30]。上の 2 列は ATP 分解していないときで、下の 2 列が ATP 分解しているときの図です。それで、曲げの弾性率を測定するわけです。どういう結果になったかといいますと、下に短い説明がありますが、ATP のないときは普通に曲げ運動をしていまして、それで曲げの弾性率はいくらですねというふうに測定するわけです。また、ATP がないから平衡状態で熱運動しています。そこへ ATP を入れると、ATP 分解が起こっていますので、今度は熱平衡状態じゃなくて定常状態になって、エネルギーがどんどん出ているわけです。どこかで出ているんです。そのときの曲げ運動の観察をしますと下

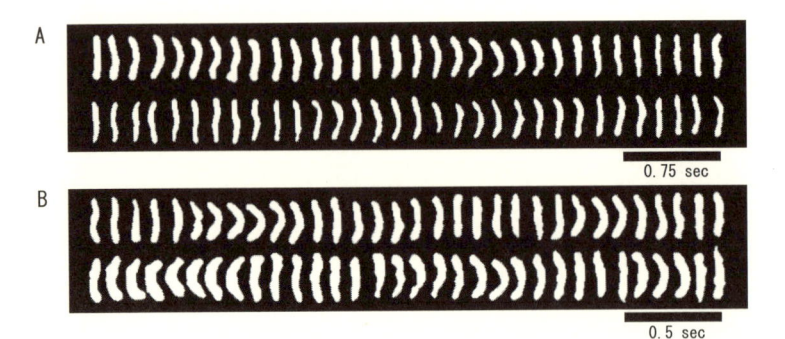

図7.2 Fアクチンの曲げの運動の温度。熱運動をしているFアクチンの暗視野顕微鏡像。Fアクチンにミオシン分子を作用させている。A：ATP分解していないとき(熱平衡状態)。B：ATP分解しているとき(エネルギーがどんどん出ている)。Bでは曲げ運動の振幅が大きく(＊ 柔らかい)、かつ周期が短い(＊＊ 堅い)。したがって、単純に柔らかい、堅いでは説明が付かない。

弾性	振幅	周期
堅い	小	短＊＊
柔らかい	大＊	長

図は柳田らの実験 [30] を元に描いたイメージ図。

・振幅の2乗平均

$$\langle q^2 \rangle = 2\left(\frac{k_B T}{\varepsilon}\right) \cdot \frac{L^4}{\pi^4} \qquad (\varepsilon: 弾性率) \qquad (数式 6.12)$$

・緩和時間(復元時間)

$$\tau = \left(\frac{\zeta}{\varepsilon}\right) \cdot \frac{L^4}{\pi^4} \qquad (\zeta: 粘性) \qquad (数式 6.13)$$

・上の2式より

$$\langle q^2 \rangle = 2\left(\frac{k_B T}{\zeta}\right) \cdot \tau \qquad (数式 7.1)$$

振幅(左辺の q)が大きくなったのに、緩和時間(右辺の τ)が小さくなった。

の図のようになりまして、図の右下のところに時間スケールが書いてありまして、上と下と時間が少しだけ違っているのを注意してくださると、曲げの振幅も大きくなりまして、曲げ運動の見かけの周期、緩和時間が短くなったというのがわかるんです。

そこで先ほどの式(数式 6.12)を見まして、要するに曲げ運動の温度は何度ですか、というふうに考え直すわけです。ひょっとしたら曲げ運動の自由度の持っている平均のエネルギーが変わったんじゃないかと。ATP を使っていないときの普通の常温のエネルギー ($\frac{1}{2}k_B T$) じゃないエネルギーになっているんではないかと考えたくなるという。そういう状況で、もう 1 回この実験を見ます。直感的にわかると思うんですが、振幅が大きくなるというのは、柔らかい方が振幅が大きくなるはずです。同じ熱エネルギーで振動しているとき曲がりやすいんだから。柔らかくなって振幅が大きくなったら、柔らかいんだから弾性回復力が減りますね。だからなかなか回復しません。ところが回復が早くなったのが実験結果です。逆に今度堅くなったとすると、いったん曲がったのが弾性で早く回復します。ところが堅くなったらなかなか曲がりませんから、振幅は減るはずです。というわけで、振幅が増えて、しかも回復が早くなったというのは、単純に堅くなった、柔らかくなったでは説明できないと、そういうことになります。

さて、この単純に、直感的に理解できない現象の 1 つの説明はどういうことかというと、数式 6.13 において緩和時間 τ(タウ)が短くなった、つまり、弾性率 ε(イプシロン)が大きくなったという説明です。どこも接触がないので、粘性 ζ は同じでしょうから、仮にこの式で納得すると、数式 6.13 を数式 6.12 に入れますと数式 7.1 になります。

$$\langle q^2 \rangle = 2 \left(\frac{k_B T}{\zeta} \right) \cdot \tau \tag{7.1}$$

振幅が大きくなっているのに、分母の ε が大きくなったら (τ が短くなった)、ほかを変えるところがないから T を大きくしましょうかということになる。T がだいたい常温の 4 倍、$4T$ にすると実験が説明できるということになりま

した[1]。

　これは 1 つの解釈にすぎないけれども、本当かもしれない。曲げの弾性エネルギーは、曲げの自由度にだけ ($\frac{1}{2}k_B T$) じゃなくて、温度が常温 T の 4 倍、$4T$ を入れなきゃいけないと。だから ATP のエネルギーがその曲げの自由度にいったん移されたんではないかというのが、私たちの解釈です。なかなかこれは面白い実験でありました。私はかなり強調しているんですが、あまり皆さん納得していません。そういう温度の考え方は、後で、ファインマンのラチェット (爪車) の例をお話しします (第 7-3 節)。

　温度という考えはどうしてもマクロな、全体的な温度というので思い込んでいるものだから、ここだけエネルギーが違うというのを温度が高いと表現すると、みんながなかなか納得しません。だけど温度という概念の、こんな使い方がありますよと、つまり、この自由度は平均エネルギーが高いですよと。しかも F アクチンはちゃんと運動しているんですから。曲がったままじゃないから、高エネルギー状態でじっとしているんではないんです。真っすぐになったり曲がったりするんだから。真っすぐになったときは弾性エネルギーは減っているわけでしょう。だからそのエネルギーはどこかに渡していなければいけないのです。だから純粋にその自由度だけ高エネルギーというのとは違うんです。温度が高いということと、高エネルギーというのは単純にイコールではない。それはもう 1 つ大事なことがあり、温度が高いというのは高エネルギーで、かつ、やり取りできる自由度がいくつかあること。自由度が自分 1 個だけで、やり取りできないときは温度といわない。やり取りできる自由度がよそに、周りにないといけない。

　それで第 2-4 節の 4 つの箱で 4 つの自由度というのを思い出してもらうと、

---

[1] T は絶対温度なので、常温は約 300 K、その 4 倍なので 1200 K、つまり $4T$ は摂氏 900 度ぐらい。

> 温度は高エネルギーで、かつ
> エネルギーがやり取りできる自由度がいくつかある。

表 7.2 局所温度の概念。

4つぐらい自由度があればいいんです。この曲げの自由度の場合、曲がったときは自分がもらったんですが、真っすぐになったときには、隣の人に受け取れる自由度がないといけない。そうすると、受け取れる自由度が3つか4つあれば大丈夫、もうすべての温度概念は使えるというのが、私の主張です。そういうふうに温度という概念を使うこともできる。温度は高エネルギーなんだけれど、高エネルギーとイコールでない。温度はいくつかの数個の自由度の間でエネルギーがやり取りできる、そういうエネルギーの全量が大きいという意味であります。温度が高いというのはそういう意味です。そういう使い方をしてください。そうすると、このゆらぎの温度は何度ですかというふうにいえる。私は面白い話だと思うんですけれども、皆さんはどう思われるでしょうか。

7-3 ファインマンの爪車 (ラチェット)

局所温度のもう1つの例はファインマンのラチェットです。図7.3は、『ファインマン物理学』[31] の図を私が描き直した絵です。ファインマンの教科書の絵はあまりよくないんです。この絵の方がいいと思うんです。ファインマンの図では爪車と羽と留め金の並べ方が違っていて、動きの関係が見にくいんです。ここに描いたものの方がよくわかります。たいした違いではなく、感

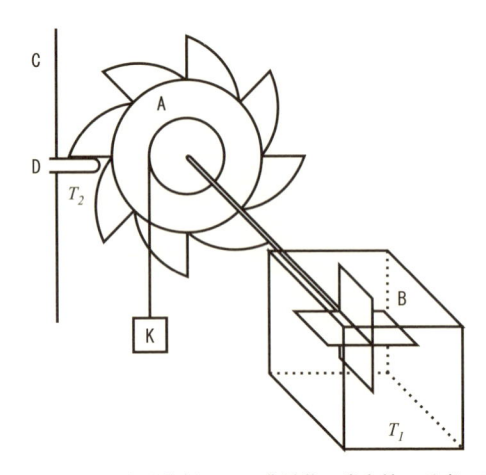

図 7.3 ファインマン・ラチェット (爪車)。A：非対称の歯を持つ爪車。B：羽根車。この羽根車は温度 T_1 の気体の中にあるため、気体分子が羽根車に常に当たって、時計回り、反時計回りのランダムな力を受ける。C：壁。D：留め金 (爪)。バネが付いていて、A の爪車が時計回りに回ろうとすると、留め金が左側に引っ込み、爪車が回転できる。A の爪車が反時計回りに回ろうとすると D の留め金で止まる。留め金の温度は T_2。K：重り。爪車を反時計回りに回そうとする力の発生源。

　じの問題なんですが。図 7.3 の左上のぎざぎざがラチェット (爪車) で、爪車に左から当たっているのが留め金 (爪)、右に伸びているのがポール、右下のが羽根車。これが一方向に回転するという話なんですが、この爪車にブラウン運動、熱運動で往復の回転的往復運動をさせると、留め金が付いているから一方向にしか回りませんという、そういう話です。この羽根が箱の中に入っていて、箱の中に気体があって、その気体の温度が T_1 です。気体が羽根にぽんぽんぶつかって、爪車が時計回りや反時計回りに熱運動をします。T_2 が留め金の温度で、K が重りです。

　これのミクロな爪車の議論をファインマンがしています。この系は、爪車を回転運動させる系 (A、B) と留め金 (D) との間に温度差がない限り一方向

に回らない。温度差があって、温度差に伴う熱の流れがあるときにしか回らないので、熱力学とは反しないと言っている。しかもこの回転を仕事に変えるときには、カルノーの法則もきっちり成り立つということを見事に証明していて、すごくエレガントな説明です。ですからぜひ読んでください。

まず重りのことは考えないとしましょう。すると、爪車が時計回りに回ると、爪車の歯の斜めの部分が滑らかに留め金を左側へ押しまして、留め金は引っ込むことができる。留め金は押されれば引っ込むという構造なので、爪車は時計回りに回りまして、ガチャンと1こま回り、また留め金が入りますので、この絵と同じ状態になります。逆向き、反時計回りには、いくら回ろうと思っても留め金が邪魔して押せないような構造になっていますので、爪車は反時計回りには回りません。というわけで、爪車は時計回りに回る。ところが、T_1 という爪車を回転運動させる系の温度と、T_2 という留め金の温度が等しかったら、実は爪車の時計回りの回転によって押されて引っ込む、引っ込むときは引っ込むでしょう。けれども、引っ込むくらいだったら、その留め金は自分の熱運動でたまたま引っ込むこともあるでしょう。自分の熱運動で引っ込んだら、そのときには留め金が外れますから、多少とも重りが掛かっていれば反時計回りに回りますね。反時計回りに回ってもよろしいということは、要するに爪車の方の回転の熱ゆらぎ運動と、留め金の方の出たり入ったりの往復の熱運動との兼ね合いです。極端な話、留め金がゲートで熱運動していなくて、押されなければ絶対引っ込まないんだったら、ちゃんと一方向に回りますから、というわけです。

ここで、爪車は丸くなくて平らでもよいので、平らにします (ラック。図7.4)。それで爪車の左右の熱運動で留め金を上に動かすわけです。この留め金はエネルギーを ε (イプシロン) だけ入れないと引っ込んでくれない。引っ

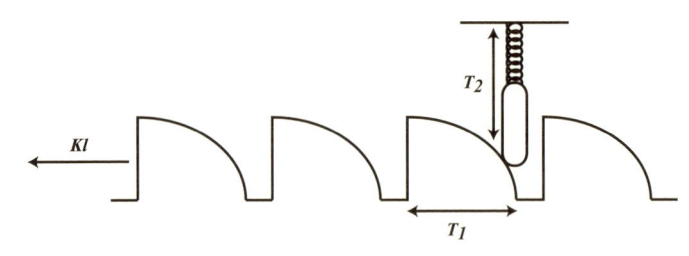

図 7.4 直線状のファインマン・ラチェット。直線状の爪車 (ラック) は熱運動 (温度 T_1) で左右に動く。留め金 (爪) は熱運動 (温度 T_2) で上下に動く。

$$v = v_0 \left\{ \exp\left(\frac{-\varepsilon}{k_B T_1}\right) - \exp\left(\frac{-\varepsilon}{k_B T_2}\right) \right\} \tag{数式 7.2}$$

$$v = v_0 \left\{ \exp\left(\frac{-(\varepsilon+Kl)}{k_B T_1}\right) - \exp\left(\frac{-\varepsilon}{k_B T_2}\right) \right\} \tag{数式 7.3}$$

ここで、ε は留め金が引っ込むために必要なエネルギー。数式 7.3 は、図 7.3 で重り K ががかかっていいる時に相当する。重りはラックを左に引っ張っている。l は重りの移動距離。

込むということはばねのエネルギーを高めることであります[2]。たまたま爪車の横向きの運動の自由度が、そのエネルギー ε をもらって、留め金を押したときには、留め金が引っ込みまして、爪車は右へ動けるわけです。ですから、爪車がエネルギー ε をもらう確率は $\exp(-\varepsilon/k_B T_1)$。$T_1$ は爪車の方を動かしている温度です。だから T_1 というのは爪車の後ろに控えている熱源の温度です。この留め金にも後ろに控えている熱源がありまして、その温度を T_2 と呼びます。そのとき留め金が自分で引っ込む確率は $\exp(-\varepsilon/k_B T_2)$ です。重りのないときはこういう差し引きで前進します。

$$v = v_0 \left\{ \exp\left(\frac{-\varepsilon}{k_B T_1}\right) - \exp\left(\frac{-\varepsilon}{k_B T_2}\right) \right\} \tag{7.2}$$

ここで、この v_0 はこういうバリアがないときの運動の速度ですと、どうもファインマンが上手にごまかしてありまして、単に係数 v_0 と書いてありま

---

[2] 説明の詳細は [32] や [33] を参照。

す。その意味はなかなか難しい。ここを真剣に考えると大変難しい。だけど、この比例定数は共通であるというふうに仮定してある。仮定してあるというか、そうであるべきであるとしているわけです。

　重りが掛かっているときは、留め金を持ち上げるためのエネルギー ε と、重り K を l だけ上げる分のエネルギーは Kl です。したがって、T_1 の方からもらわなきゃいけないエネルギーの総量は $\varepsilon + Kl$ です。こうやると、重りは最大どこまで持ち上げられますか、重りのないときの最高スピードはいくらですか、というのが T_1 と T_2 の関数として出てきます。

$$v = v_0 \left\{ \exp\left(\frac{-(\varepsilon + Kl)}{k_B T_1}\right) - \exp\left(\frac{-\varepsilon}{k_B T_2}\right) \right\} \tag{7.3}$$

T_1 の方の温度が高いと図 7.4 の右 (図 7.3 では時計回り) へ動きまして、T_2 の方が高いと図 7.4 の左 (図 7.3 では反時計回り) にも結構動きますよ、という式です。大変面白い式です。

7-4　Ｆアクチンの "滑り" 運動のラチェットモデル

　筋肉のＦアクチンの滑り運動、ミオシンの上での滑り運動が、ラチェットタイプではないかと思いまして、私はこのファインマンの話がもうずっと前 (30 年ぐらい前) から気になっていまして、これをいつか使いたいなと思っていました。そこで、筋肉の滑り運動のメカニズムにファインマンの原形のままでラチェット・メカニズムというのを提案したわけです。

　ファインマンの後、いろいろなラチェット・メカニズムが、いろいろな人から提案されました。温度差なんていうと格好悪いので、みんなが納得していないので、もう少しエレガントな、いろいろな工夫がありました。『Physical

Review Letters』にいろいろ出ておりまして [34][35]、関心のある人は結構見ていて、『Nature』にそれを紹介する論文や宣伝文なんかが出ておりまして、かなり話題になっていました。一番の原形はファインマンので、やはり一番よくできています。エネルギーがどれだけかかるか、どれだけの量が熱になるか、というのがきっちり記述できるのは、ファインマンの原形のモデルだけだと思います。他にいろいろとエレガントなモデル、一見エレガントなモデルがあるんですが、エネルギーの計算が論理的にできない。できないというのは言い過ぎで、論理的にやるのにもう一工夫いるようなモデルです。ファインマンのモデルでやりますと、爪車が 1 こま時計回りしますと、留め金が ε だけエネルギーをもらって差し上げられますので、留め金に付いたバネがきゅっと縮んで、自分でぎゅっと戻りますね。そうすると最終的に ε はすべて熱に変換されます。だから 1 こま行くのに Kl の仕事をして ε だけ、高温 T_1 から T_2 へ熱が移動します。だから 1 こまあたりの熱量が一定です。

そこで、T_1 という局所的な高温、つまり「爪車の温度が高いですよ」と想定する。まさかアクチンの温度が高いといったって誰も納得しない。さっきの熱いという話 (第 7-2 節) で、常温の 4 倍になっていますよといっても (私だけあれを非常に気に入っているんですが)、皆は「触っても全然熱くなさそうじゃないですか」とあまり賛成してくれない。「そんな、まさか温度が高いなんてことはありませんよ」というわけです。皆が賛成してくれない 1 つの理由は、皆さんが温度というのはマクロなものとしか思っていなくて、この自由度だけ特別の温度がある、なんていうことは考えにくいということです。もう 1 つの理由は、タンパク質というのはそんなに高エネルギーをどこかにためておくことはとてもできない、もうすっと消費 (まわりに散逸) してしまうに違いない、ということです。そんな訳で、皆あまり納得しないんです。この話はいろいろ難しくて。そこで次には、その温度が測れますよ、と

いう話をします。

7-5 局所温度が測定できる

Fアクチンのスライド運動のゆらぎのお話をします。このお話も論文 [32] に書いてあるんですが、あまりみんな注目も気が付いてもくれない。以下のような運動があったとします。アクチン、ミオシンを知らない方には申し訳ないかもしれませんが、これは柳田さん[3]のところで 1990 年代からずっとやっている実験です [30][36]。

図 7.5 に示すように、Fアクチンが 1 本ありまして、それを細いガラス針 (図 7.5 の左) の先っぽにのり付けいたします。これは全部水の中でして、周りは水です。Fアクチンの左端が固定端 (細いガラス針) になっておりまして、

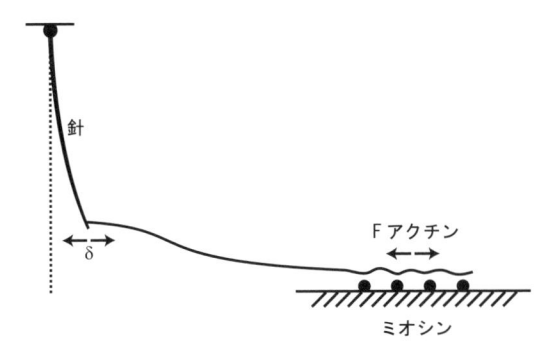

図 **7.5** Fアクチンのスライド運動のゆらぎの測定。スライドグラスの上にミオシンが固定してあり、その上に細いガラス針 (図左) の先に接着した Fアクチンが乗っている。Fアクチンは温度 T_1 とすると、ガラス針は温度 T_1 の中にあるかのようにゆらぐ。

---

[3] 柳田敏雄　大阪大学大学院生命機能研究科 特任教授。理化学研究所 生命システム研究センター (QBiC) センター長。

そのFアクチンが水の中にいます。一方、ガラス板に、のり付けしたミオシンの分子がひっついて固定しておりまして、その上にFアクチンをそっと乗せます。ATPを入れるとミオシンがATPを分解して、それをエネルギーにしまして、Fアクチンがスライド運動をすると、右側へ引っ張られます。すっと動き始めると、針が図のように曲げられまして、ここで発生する力とバランスするところで止まります。Fアクチンは顕微鏡で見えます。見えるようにしたというのは朝倉昌[4]さんと長島一さん自慢の話であります[14]。このミオシンの数が少ないと力が揺れます。力が揺れると針が揺れます。この揺れは顕微鏡で測ることができます。この変位がナノメートル単位で測定できるということは、針にかかる力がピコニュートン単位で測定できるということです。ナノメートル単位で針の先を観測します。針の先に小さな粒を付けまして、その位置を一生懸命見ますと、ピコニュートンの単位で力のゆらぎが測定できます。筋肉の言葉でいうと、滑っていなくてもう止まっているんですが、力が揺れているからこう揺れています。そういう話です。

　それで、このモデル[5]を採用しますと、図7.4において仮に下の直線状の爪車をFアクチンだとすると、Fアクチンが右へ行きます。針はFアクチンを左側で引っ張っているとします。引っ張って、今この系があるところで等しくなりまして止まりますね。左に動くのと右に動くのとが等しくなって止まります。だけどそれは確率過程なので、実際は時々行ったり戻ったりして、平均の位置が一定ということです。行ったり来たりしているわけです。その行ったり来たりが観測にかかっている。その行ったり来たりは、図7.5の左端の針の動きになっている。ところが、針はミオシンの位置からずっとはるか

---

[4] 名古屋大学名誉教授。後述する「朝倉・大沢の力」をはじめとする数多くの先進的な研究を行った。長島は当時の研究室メンバー。
[5] ベール・大沢のモデル、文献[37]の9.5節参照。

外で出ていますので、針は針の温度を持っております。針にFアクチンという棒が付いており、Fアクチンとミオシンの間で力が発生しています。このモデルを使いまして、針がどのくらい揺れますかというのを計算します。そうすると、この針のゆらぎは、あたかもそれが T_1 という高い温度にあるかのようにゆらぐ。このモデルが適用できれば、図の左端の針は外にいて、Fアクチンとミオシンのところにラチェット・メカニズムがあってFアクチンには T_1 が働いている。針ははるか外にいるんですが、針のゆらぎが、あたかもその針がFアクチンの局所的高温、ラチェット・メカニズムの温度にいるようにゆらぐ、というふうになります。

針は平均的に曲がっていまして、曲がっている状態を中心にして (真っすぐを中心じゃなくて曲がっているところを中心にして) 揺れているんです。その揺れ幅を δ (デルタ)、ガラス針の弾性定数を κ と書くと次式のようになります。

$$\frac{1}{2}\kappa\langle\delta^2\rangle = \frac{1}{2}k_B T_1 \tag{7.4}$$

ここで T_1 は、仮想的に考えた高温状態、ラチェット・メカニズムの温度です。つまり、高温側の温度というのが、理論より出てきた。

ということは、ガラス針の先端のゆらぎを測れば、Fアクチンの仮想的な温度が測れます。ファインマンの場合はミクロなラチェットですが、そこでの温度は気体の温度だからマクロの温度でいいわけです。だから図7.3のファインマン・ラチェットの温度はマクロの温度なんですが、図7.4のラチェット・メカニズムの温度はそのマクロな温度じゃなくて、このメカニズムの中の、横運動の温度なんです。いわば局所的温度です。全体は室温ですから。この局所的温度がここへ現れたというのがみそなんですけれども。だから、図7.5のガラス針の先端のゆらぎを測れば、この T_1 はちゃんと現実に測れるとい

うことが、一番言いたいことです。だから「T_1 is measurable」と論文にも書きました。これはなかなかのものでありまして、そういうふうに局所的温度、エネルギーの種がもしあったとすると、この場合はこういうふうに測ってもいいですよということになります。図 7.2 の F アクチンの曲げ運動のときは、一応温度だと解釈すれば、曲げ運動の観測で測れましたよということになります。だけど、もう 1 つ別の方法で確認できればもっといいことです。というわけで、こういう局所的温度といえども、測れないような、まったく架空の話というわけではない。

ただし実を言いますと、これは柳田さんのところへ行って測ろうとしても無理なのでありまして、とてもそれを測れないのです。何で測れないかというと、アクチン・ミオシンの結合解離のゆらぎがありまして、結合がぽんとどこかへ飛んでしまう。こちらのゆらぎの方が実験に掛かってしまいまして、じっとそのまま横運動していてくれないんです。だからこれは事実上実験的には無理なんです。アクチン・ミオシンは結合解離のゆらぎがはるかに効きますが、キネシン・微小管は、ひょっとするとそれが引っ掛からないので、いまだに望みを掛けているんです。

単なる張力ゆらぎか、熱ゆらぎ (エネルギーゆらぎ) かを区別するためには、この弾性定数の違う針を使いまして、数式 7.4 の κ (弾性定数)、δ (デルタ) を変えても、右辺が一定であるという、そういう証明をしなきゃいけないわけです。ただこれを測って、無理やり T_1 を測ったと言ってはだめなんです。張力ゆらぎだったら、κ かける δ の平均 ($\kappa\langle\delta\rangle$) が意味があるんですけれども、エネルギーゆらぎは κ かける δ の 2 乗の平均 ($\kappa\langle\delta^2\rangle$) が意味があるわけです。そうであることを証明しなきゃいけないわけです。だから針を変えまして、レーザーで止めるのを使うときはレーザーの強さを変えまして実験しないと

いけないんです[6]。

　というわけで、この2つの例での私の主張は、ゆらぎを起こす系の温度がわかる、という使い方ができるということです。その温度はマクロの温度でなくて、局所的温度として、特にエネルギー変換をする系にはいろいろと使い道がある。ただし、平衡状態の系ではただ確認するだけの話で別に使い道はないのですけれども、エネルギーを発生している系にはこういうやり方が使えるんではないか、というのが私の主張です。誰かこういうのをほかの場合、別に滑り運動のアクトミオシンじゃなくて、ほかの場合にも考えてくださると、意外と使い道があるんではないかと思うんです。要するにエネルギーゆらぎが決まっている、ほかの張力ゆらぎや、変位ゆらぎじゃなくて、エネルギーの幅が一定であるゆらぎがここにあるということを証明すると、それの温度がわかる。温度が定義できるという意味です。

　なお、図7.4や図7.5で、T_1 にあたるものは測れるんですが、T_2 にあたるものは測れません。何で T_1 だけ測れるんでしょうか。私もえっと思ったんですけれども、理論的にチェックしたら、こうなっていました。なぜそうなるかは、私も本当のところはよくわかっていません。誰か、こういう問題の理論的検討をしてくださるとありがたいのですが。未解決です。わかっているのは、T_1 の方が高い温度なのでエネルギー的に高い。だからエネルギーを持っているのは T_1 の方（Fアクチン）だと思っています。T_1（Fアクチン）そのものに図7.5の左のようにガラス針がくっついている。そう考えると図7.5のFアクチンが、図7.4の爪車にあたるので、T_1 が測れるということです。

---

[6] ガラス針の代わりに、ビーズを付け、それをレーザーピンセットと呼ばれる装置を使い、水中の一点に固定する。レーザーの強さを変えると、固定する強さを変えることができる。

7-6　少数自由度にエネルギーがたまる

さっきの ATP 加水分解酵素の話 (第 6-4 節) と関係ありますが、ミオシンは ATP というエネルギー源をひっつけまして、ミオシン分子の上で ATP ＋ H_2O を ADP と P に分解いたしまして、ひっつけたままでいるんです。アクチンが来なければひっついたままで、なかなか離れない。なかなか離れないけれども、数秒経ってやっと離れます。ですから、さっき言いました時間、ATP がくっついている時間というのは数秒なので、結構ゆっくり測れるんです。その数秒というのが指数関数で分布している、という話をしたんです。それは結構長く巨視的な時間です。数秒たって、ADP が確率的にぽっと離れて、ATP 分解反応は終わるんです。

そこへアクチンが来ますと、数秒かかったものがあっという間にアクチンと相互作用して離れ始めるわけです。あっという間でもないですね。ミリ秒、10 ミリ秒などかかって離れて、反応が進行します。だからアクチンはミオシンに ADP と P がくっついた状態のところへやって来まして、相互作用を始めると。だからこのモデルは一般的でないんですが、そのときにミオシンから F アクチンへ、何らかのエネルギー移動があるんではないかと期待していたわけです。何も証拠はないけれども。

藤目杉江さん[7]という名古屋の人が長いこと、ずっとアクトミオシンをやっていらした。特にニテラ[8]の、車軸藻のアクトミオシンの、ものすごい早さの滑り運動の研究をしていました。その藤目さんのとても面白い論文があります [38]。ミオシンの上で ATP が ADP、P になって、なかなか後は進行しないが、それが安定な時間が長いものほど、F アクチンが来たときに F アクチン

---

[7] 元名古屋大学理学部助教授。
[8] 和名フラスモ。浮遊性の水草 (藻類) のこと。

が早く滑るという報告をしています。普通 ATP 加水分解が早い物ほど早く滑るというのを、皆さん期待するんです。アクトミオシン、ATP 加水分解能が高い物ほど早く滑ると。ところがその相関はまったくありませんで、めちゃくちゃでありまして、何と相関があったかというと、ATP の寿命です。先ほどの、なかなか加水分解が起こりませんねという、その寿命が長い物ほど、いざ働くときには早く働く、早く動かすという大変意外な結果が出ました。

　私は、ひょっとしたらそれはミオシンがためていたエネルギーが安定にたまっていて、アクチンが来たときにそのエネルギーをうまいこと受け渡す、むだに使わずに受け渡す物ほど早く滑るんではないかと思ったんです。なかなかいいデータじゃないかと思っているんですが。常識とはまったく逆の、ATP をゆっくり分解する方向、1/(速度) にきれいに比例いたしました。つまり、寿命時間 τ (タウ) に比例して早くなる。それは、いろいろな ATP アナログを使った実験と、それからご自身の実験ではないんですがジェームズ・A・スプディッチ[9]のところでやった遺伝子工学でミオシンをいろいろ変えた実験 [39] と、両方合わせてぴったり直線になりました。ミオシンの上で ATP の加水分解エネルギーが安定にたまっている物ほどアクチンを早く滑らすという、そういう結果になりました。だからおそらくエネルギーが、いったんどこかの自由度に、数個の自由度にたまるというのは本当だと思っています。それがアクチンであるというのは、あまり賛成の人はいないかもしれませんが。第 7-2 節に話しました、柳田さんらのアクチンの曲げ運動実験 [30] は、確かにアクチンの曲げの自由度に移ったという実験的証拠です。あの場合はミオシンが止まっていませんで、フリーに浮いているミオシンの場合です。固定されていませんで、フリーに浮いているミオシンの場合には、F アクチンの

---

[9] James A. Spudich。スタンフォード大学教授。一分子計測の専門家。

曲げ運動にエネルギー移動した。あの場合にはFアクチンという分子1個あたり、1秒間に1回ATPを分解しているという、その速度でATPが分解されているんです。1秒に1回だから、もしそれが1ミリ秒か、もっと早く散逸してしまうんだったら、とてもあんなに活性化できないわけですから、だからやはりどこかにエネルギー移動されるんですね。

7-7 揺動散逸定理：信念の強さと環境変化への応答

ここでの話は前の話題と関係があると同時に、次章のブラウン運動につながる話でもあります。表7.3は有名な関係式(揺動散逸定理)です。一言で言えば「外力に対する応答と自発的ゆらぎの大きさとの間には、比例関係がある」ということになります。外力分の応答、つまり力をどれだけかけるとど

```
故に、
  外力に対する応答と
  自発的ゆらぎの大きさとの間には
    比例関係がある。

         応答
    ─────────────── (= 感度) ∝ 自発的ゆらぎ
    外力 (環境の変化)
  一定の環境での自発的ゆらぎ：大      小
                ↕              ↕
  周りの環境変化に対する感度：大      小
```

表 **7.3** 揺動散逸定理。

れだけ曲がるか、どれだけねじれるかといった、環境の変化に対する応答は、外力をわざわざかけないときの、自力で自発的熱でゆらいでいるときの2乗平均に比例するということです。これは有名な統計力学の式で、統計力学を習った人はご存じな人がかなり多いと思います。

$$\frac{1}{2}\kappa \langle \delta^2 \rangle = \frac{1}{2} k_B T \qquad (\text{数式 } 7.4)$$

$$\frac{\theta}{F} = \frac{1}{K} \qquad (\text{数式 } 6.11)$$

$$\langle \theta^2 \rangle = \frac{k_B T}{K} \qquad (\text{数式 } 6.10)$$

この数式 6.10 で、外力分の応答は $1/K$ (ねじれの弾性率) であり、それは外力をかけないときの自発的ねじれの2乗平均 ($\langle \theta^2 \rangle$) に比例する。温度が高い方がゆらぎが大きいですから、自発的ゆらぎの2乗に比例する。ねじれ角の自発的ゆらぎの2乗平均は、外力をかけたときのねじりやすさに比例する。あともう1つ、温度に比例する。それを逆さまに言いますと、自発的ゆらぎがないようなシステムは、外力をかけても応答してくれない。

これを電気伝導でやります。この定理は平衡状態の話で、電気伝導は定常状態だから平衡状態じゃないですけれども。電気伝導の話にすると、外力 (電位差) をかけたときにどれだけ電流が流れるかは、電位差をかけないときに電流がどのくらい中でゆらいでいるかに比例する。つまり、電流ゆらぎに比例するということは、知っている人は知っていると思います。電流の自発的ゆらぎというのは、1928年でしたか、ジョンソン[10]という人が測ったんですが、その後学生実験でもやっているところが多かったです。普通の針の実験で、電気抵抗との関係を実験で実証するという、なかなかいい実験です。棒を伸ばす場合は平衡状態なので、伸ばしやすい棒は、自分で揺れているとき

---

[10] John Bertrand Johnson (1887-1970)。元ベル研究所の研究者。

も長さのゆらぎが大きいという、そういう程度のことと同じ話です。

　以下は教育的原理であります。あまり堅い人は、外力をかけても応答してくれない。自分の信念は堅くて、環境の変化に敏感に応答するというのは不可能である。環境の変化に敏感に応答する人は、信念もない方がいい、信念を持つこととは反対というわけです、物理的に。これはなかなか有益です。一定の環境で自発的にゆらぐと、自分でもちゃんと感ずるでしょうと。一定の環境での自発的ゆらぎと、環境変化に対する感度。後は、大小関係がちゃんと同じであると、これを逆にするのは自然界に矛盾するというわけです。だからしょっちゅうゆらいでいる方が、外力に応答しやすい。変化に対する応答がいい方がいいという原理は別にないですけれども、それにしてもなかなか面白い。

コーヒーブレーク：大学院での教育というもの　昔々、分子生物学の研究施設[a]が名大にできたころ、まだ分子生物学科がない時には、大学院の学生はいろいろな学科から入って来ていました。もちろん生物学科からも来ますが物理学科、化学科、工学部、農学部、医学部、数学科からも学生が入ってきます。そのころは最初の半年間、夏休みまでは実習をしていました。そうすると、物理学科から来た人はピペットの使い方もわからない。だから、今は有名なる某先生は逆さまに吸ったりしました[b]。別の今は有名な某先生は、カニの筋肉をさばいているつもりでそれが神経だったりしました[c]。だからそういうのをお互いに習うということをやっていました。大学院はお互いに習うというのが一番効果がありまして、先生の授業を聞くのはあまり効果がないんです。だから大学院ともなれば、別々の出身で来た人が、お互いに教え合うのが良いんです。これは知っているぞというのを学部で持っていますから、違うところから来た人に教えると教えがいがあります。私は今でもこれが懐かしいんです。だから違う分野からきた人が混ざるととてもいいんです。

最後に臨海実習がありまして、鳥羽の臨海実験場[d]へ行ってウニの細胞分裂から始めます。「さあ、これから最後に臨海実習です。」というと皆さん喜々として行ったものなのに、ある時期になりますと、「ウニの細胞分裂、それはテレビで見ましたから結構です。」と、もう臨海実験は行かなくていいですという学生が現れまして私はびっくり仰天いたしました。皆さんはどう思われるか知りませんが。何しろ早く第一線の実験がやりたいという気持ちのようで、それはそれでいいかも知れませんが、実際に手を動かすのと、ビデオの教育は違います。今はテレビが発達していい物を作っていますけれども、それにしてもやはり手を動かすのとは全然違います。自分でやらないと意味がないんです。だからサイコロとチップの実験も、それは聞いたからいいやじゃなくて、ぜひ自分でもやってください。やり始めるともう面白くてやめられない、というのも私の気持ちです。

---

[a] 1961 年に設置された名古屋大学理学部の分子生物学研究施設のこと。1963 年に大学院ができた。後に生物学科と統合し生命理学科となった。

[b] メスピペットは液体を量るための目盛の付いたガラス管で、口で吸う。目盛りが上から 1、2、3 と下に向かって大きくなっているので、上下を間違えやすい。

[c] 生きたカニの筋肉も神経も薄白い透明で、慣れないと見分けが付かない。ちなみに、カニの筋肉のサルコメア (アクチンフィラメントとミオシンフィラメントから構成される周期構造) は十数 μm と長く光学的研究がしやすい。

[d] 名古屋大学が所有する三重県鳥羽市の菅島にある臨海実験所。

第 8 章

ブラウン運動

8-1　ブラウン運動を体験する：N 歩の 2 乗平均が N

　水中で花粉の微粒子が勝手に不規則な運動をするのを見つけたロバート・ブラウンにちなんで、液体の中の微粒子が不規則に運動する現象をブラウン運動と呼びます。この章ではこのブラウン運動についてお話しします。外から何も力が加わらず、液体の中で粒子がランダムに溶媒と衝突してブラウン運動する時に、どのくらい動きやすさがあるかを考えます (図 8.1)。位置ゆらぎの 2 乗平均 ($\langle x^2 \rangle$) は、拡散定数 D と時間 τ で数式 8.2 のように書けるというのは、ご存じの方もおられるでしょう。

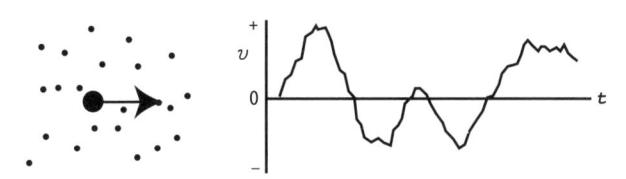

図 8.1　液体 (水) 中の粒子のブラウン運動。左の図の小さい点は水分子を表し、大きい点はコロイド粒子。水分子がランダムに粒子に当たり、その影響で矢印方向に動く。右のグラフの縦軸は粒子の速度 v、横軸は時間 t。粒子の動きやすさは以下の式で表される。

$$\langle x^2 \rangle = 2D\tau \qquad \text{(数式 8.2)}$$

ここで、$\langle x^2 \rangle$ は τ 時間の間に移動した距離 x を 2 乗してから平均したもので、D は拡散定数。

$$\langle x^2 \rangle = \langle (\int v(t)dt)^2 \rangle \tag{8.1}$$

$$\langle x^2 \rangle = 2D\tau \tag{8.2}$$

$$D = \langle v^2 \rangle \tau = \frac{k_B T}{\xi} \tag{8.3}$$

数式 8.2 の中の D は、$k_B T$ 割る摩擦係数 ξ (グザイ) になっています (数式 8.3)。これはアインシュタインが出した式です [40]。この粒子の位置 x の 2 乗平均をブラウン運動の速度 v の経路積分から導く方法 (数式 8.1) は、岩波の『科学』[41] に解説があります。皆さん、これはすごくいい論文です。ぜひ見てください。久保理論というのがありますね。久保理論の量子力学的部分というのはとても理解できないんですが、久保理論の古典物理学的部分を非常にきれいに説明してあります。

このブラウン運動の話はさっきの自発的ゆらぎの話の 1 つで、別の場合の表現です。この ξ というのは外力で動かされる時の摩擦係数ですから、自発的位置ゆらぎはこの ξ と反比例の関係にあります。こういうのは、本当はいちいち導き出さなければいけないのですけれども、省略します。

8-1-1　1 次元ブラウン運動

1 次元のブラウン運動を考えます。1 回につき、プラスまたはマイナス方向に同じ確率で 1 歩進むとします。まず、何も高等なことは知らない子供になったつもりで、例によってあらゆる場合を手で書き出してください (演習問題 5)。ぜひやってください。これを先に見せると後で感心してくれませんのでね。例えば 2 歩の場合は、(プラス、プラス)、(プラス、マイナス)、(マイナス、プラス)、(マイナス、マイナス) で全部網羅しますね。(プラス、プラ

ス) は、プラス方向に 2 歩前進だから +2、(プラス、マイナス) は 0、(マイナス、プラス) は 0、(マイナス、マイナス) は −2 です。平均を求める 1 つの方法に、絶対値を取って平均を取るというのがあります。やってみますと、平均 1 歩です (数式 8.4)。もう 1 つ、2 乗平均という方法があります。計算すると、2 乗平均は 2 です。ですから、2 乗平均のルートは $\sqrt{2}$ です。粒子の位置 x の 2 乗平均のルートは、$\sqrt{2}$ です (数式 8.5)。

演習問題 5：1 次元ブラウン運動の 2 乗平均のルート

1 次元ブラウン運動で、n 歩の絶対値の平均は変な値だが、2 乗平均はきっちり n になる。+、− に 1 歩ずつ動いた順に + と − と書き並べ、動いた距離 (注：道のりではない) を () 内に記入する。全ての組み合わせを書き出し、絶対値の平均と 2 乗平均のルートを計算する。以下の 2 歩 ($n = 2$) のときを参考に、$n = 1、3、4、5$ を計算する。

$$(1 \text{歩目が} +、2 \text{歩目が} + \text{の場合}) \ + + (+2),$$
$$(1 \text{歩目が} +、2 \text{歩目が} - \text{の場合}) \ + - (0),$$
$$(1 \text{歩目が} -、2 \text{歩目が} + \text{の場合}) \ - + (0),$$
$$(1 \text{歩目が} -、2 \text{歩目が} - \text{の場合}) \ - - (-2),$$

$$(\text{絶対値の平均}) = \frac{|+2| + |0| + |0| + |-2|}{4} = \frac{4}{4} = 1 \tag{8.4}$$

$$(2 \text{乗平均のルート}) = \sqrt{\frac{(+2)^2 + 0^2 + 0^2 + (-2)^2}{4}} = \sqrt{\frac{8}{4}} = \sqrt{2} \tag{8.5}$$

この、n 歩行ったときの 2 乗平均は n に比例する、というのは有名な話ですが、これはひょっとして、何歩もたくさん行くと近似的にこうなると思っている方が大多数ではないかと思います。私はそんなことを知らなかったものだから実際にやってみて、大いに感心いたしました。それは 2 歩でも 3 歩でも 4 歩でも、きっちり n に比例しているのです。これは学生さんに毎年やってもらっています。ぜひやってください。感心します。これはもちろん数式で簡単に証明できます。それでも、プラス、プラス、プラス、プラスと全部網羅して書き出してください。3 歩の場合を全部網羅してください。絶対値を取って足してみても、何か変な数になりますね。2 乗して平均をとると、3 になります。

4 歩の場合も 2 乗平均をとると、見事に 64/16 で 4 になります。それなら 5 歩の場合、6 歩の場合とやってみてください。こういうのはやはりやってみないとわかりません。天才ガウスならこれを数式できれいに証明したでしょう。そんな天才ではないから全部書くのです。1 歩、2 歩の場合から全部、粒子の位置 x の 2 乗平均はきっちり n ということを確かめてください (演習問題 5)。

演習問題 5 の答え：1 次元ブラウン運動で、n 歩の絶対値の平均は変な値だが、2 乗平均は n になる

● 1 歩

$+(+1), -(-1)$

$$(絶対値の平均) = \frac{2}{2} = 1, \qquad (2 乗平均のルート) = \sqrt{\frac{2}{2}} = \sqrt{1}$$

● 2 歩

$++(+2), +-(0), -+(0), --(-2)$

　　　(絶対値の平均) $= \dfrac{4}{4} = 1,$　　　(2 乗平均のルート) $= \sqrt{\dfrac{8}{4}} = \sqrt{2}$

● 3 歩

$+++(3), ++-(1), +-+(1), +--(-1),$
$-++(1), -+-(-1), --+(-1), ---(-3)$

　　　(絶対値の平均) $= \dfrac{12}{8} = \dfrac{3}{2},$　　　(2 乗平均のルート) $= \sqrt{\dfrac{24}{8}} = \sqrt{3}$

● 4 歩

$++++(4), +++-(2), ++-+(2), ++--(0), +-++(2), +-+-(0),$
$+--+(0), +---(-2), -+++(2), -++-(0), -+-+(0),$
$-+--(-2), --++(0), --+-(-2), ---+(-2), ----(-4)$

　　　(絶対値の平均) $= \dfrac{24}{16} = \dfrac{3}{2},$　　　(2 乗平均のルート) $= \sqrt{\dfrac{64}{16}} = \sqrt{4}$

● 5 歩

$+++++(5), ++++-(3), +++-+(3), +++--(1), ++-++(3),$
$++-+-(1), ++--+(1), ++---(-1), +-+++(3), +-++-(1),$
$+-+-+(1), +-+--(-1), +--++(1), +--+-(-1), +---+(-1),$
$+----(-3), -++++(3), -+++-(1), -++-+(1), -++--(-1),$
$-+-++(1), -+-+-(-1), -+--+(-1), -+---(-3), --+++(1),$
$--++-(-1), --+-+(-1), --+--(-3), ---++(-1), ---+-(-3),$
$----+(-3), -----(-5)$

　　　(絶対値の平均) $= \dfrac{60}{32} = \dfrac{15}{8},$　　　(2 乗平均のルート) $= \sqrt{\dfrac{160}{32}} = \sqrt{5}$

8-1-2 2次元ブラウン運動

では、2次元にしましょう。上下と左右を考えます(図8.2)。今回も1次元の場合と同様、1歩、2歩の場合からすべての場合を書き出してみてください。すると、見事に粒子の位置 r の2乗平均は n になるとわかります。本当になりますからやってください。上下と左右を区別して、全部網羅します。ただし、斜めに行くのはなしとします。これもぜひやってください。感心します(図8.2)。

ところで、方眼紙の上でブラウン運動をやらせるやり方はご存じですか。これもなかなか皆さん知らない。方眼紙とサイコロを使うんです。図8.3にあるように、方眼紙の1センチ毎のところに点を打ちまして、その1センチ上のところは点と点の間の5ミリのところに点を置きます。そうすると、少しゆがんでいますがきれいに六角形になります。ある1点からスタートして

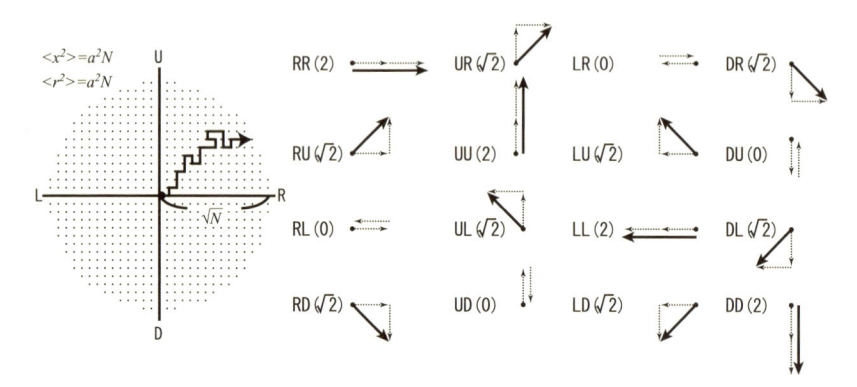

図 8.2 2次元ブラウン運動。上下左右のみに移動し、斜めには行かない。a は1ステップの長さで、N はステップ数。右は、2ステップ歩くときの行き方を全て網羅してある。各ステップで上下左右 (U, D, L, R) のいずれかへ動く。黒の点から始まり、1ステップ目と2ステップ目を点線矢印で移動し、結果として矢印分移動したことになる。() の中の数字は移動距離。移動距離の2乗平均は2になる。

サイコロを振って、1の目が出たらこっち、2の目が出たらこっち、というように方向を決めておきます。どんどんサイコロを振ると、粒子は見事に動いていきます。これもぜひやってください。やってもつまらないと思う人がいるかもしれませんが、これはやると2次元の特殊性がぴったり理解できます。さっきの $\sqrt{n}$ と関係あるのですが、ここでもその粒子位置の2乗平均のルートが、$\sqrt{n}$ になります。つまり、n 回進むと平均して原点から $\sqrt{n}$ のあたりまで到達します。それはどんどんサイコロを振って実際にやってくださるとわかります。

演習問題 6：方眼紙とサイコロで 2 次元ブラウン運動を体験する

方眼紙上に図 8.3 のように点を打つ。まず横線上 1 cm おきに点を打つ。その上の (下の) 横線上には左右に 5 mm ずらせて 1 cm おきに点を打つ。そう

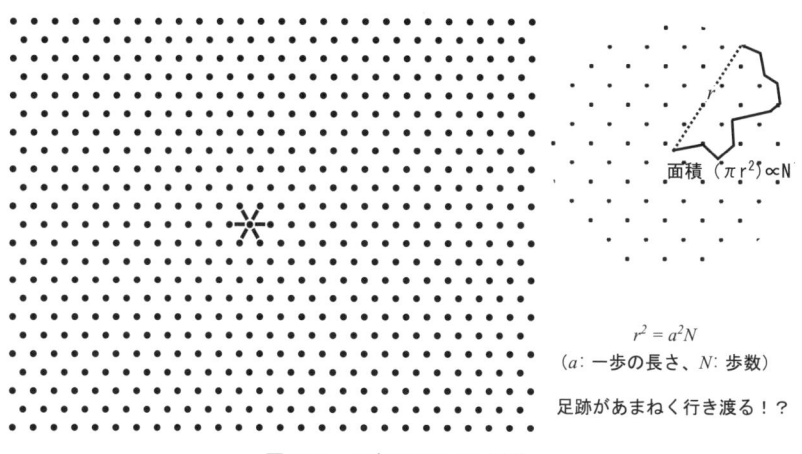

面積 (πr^2) $\propto N$

$r^2 = a^2 N$
(a：一歩の長さ, N：歩数)

足跡があまねく行き渡る！？

図 8.3　2 次元ブラウン運動。

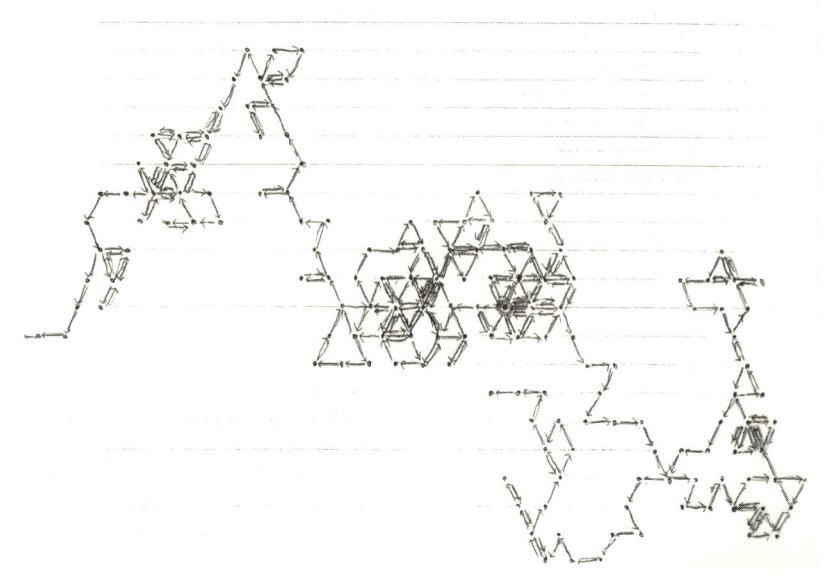

図 8.4 方眼紙とサイコロでブラウン運動をやった例。ルールは図 8.3 を参照。

すると図のような 1 点のまわりに 6 方向に隣の点ができる。故に 1 点を出発してどちらの方向に行くかをサイコロの目を使って決めることができる (例えば、1 が出たら右、2 が出たら右上、3 が出たら左上など)。

ある 1 点からスタートして n 回進むまでの間、毎回粒子の位置に点を打つ。すると、この方眼紙の円中の点と、動いているこの点とはだいたい同じ密度となる。

さて、粒子は平均位置が $\sqrt{n}$ となるところまで行ったとします。$\sqrt{n}$ のところでスタート地点を中心に円を描きます。そうするとこの面積は $\sqrt{n}$ の 2 乗

だから n です。n に比例します。ということは、ある 1 点からスタートして n 回進むまでの間、毎回粒子の位置に点を打つと、その n 個の点はまあまあ良いかげんにこの円の中に埋まっているということになります。つまり、この方眼紙の円中の点と、動いているこの点とは同じ密度だということになります。図 8.4 に実際にやった例を示します。何となく感じはわかるでしょう。そんなにかけ離れていない。使っている面積と点の数とがだいたい同じように増えていくから、どこまで n を増やしても、その平面の埋まり方があまり変わらない。これは 2 次元の特徴なんです。

8-1-3　3 次元ブラウン運動

同じことを 3 次元で考えてみます。実は、3 次元だと空いているところが圧倒的に多くなります。3 次元でも n 歩後の粒子の平均位置が $\sqrt{n}$ だとして、原点を中心に球を描きます。すると、体積は $n^{\frac{3}{2}}$ (半径 $\sqrt{n}$ の 3 乗) で増えていきますが、その中に n 個の点しかないから、n を増やすほど点の密度は低くなります。逆に 1 次元の時は、$2 \times \sqrt{n}$ の長さの線分上に n 個の点が存在しますから、n を増やすほど点の密度が高くなります。だから、2 次元の時に限って、ちょうど粒子の軌跡の点の密度が良い加減になるわけです。そのちょうど良い加減という感覚は、サイコロを振ってやってくださるとわかります。そう、私が 1 人で感心していてはいけません。ブラウン運動というのは 1 次元と 2 次元と 3 次元で、もちろん似ているところもありますけれども、非常に違うところがある。その典型的な話です。

8-2　海の魚を一網打尽に捕らえる方法

　海の中の魚を捕る話をご存じですか。無限大の大きさの海がありまして、魚がいっぱい泳いでいる。その魚を一網打尽に捕らえたい。どうやって捕らえるかといいますと、その海の中に任意の大きさの円筒を立てます。その中へ入った魚はもう出られないように網を立ててじっと待っていると、魚が全部円筒の中へ入ってくるという定理です。ブラウン運動の定理。無限に大きな海の無限な数の魚は全部、限られたこの中へいつかはやってくる。そういう数学の定理があります。私はえらく感心いたしました。その定理を発見した人ではないかと思うのですが、角谷静夫[1]さんという阪大の数学者がいます [42]。そして、解説者は別の人ですが、その非常に見事な解説が『Scientific American』に出ております [43] 。これをぜひとも読んでください。

　これは統計力学とは必ずしも関係ないように見えますが、ブラウン運動のこの問題は統計力学というか、物理のミクロとマクロの接点としてのキーポイントだという説があります。岩波の『現代物理学の基礎』古典物理学の第2巻 [44] の中に、これが物理のミクロとマクロをつなぐ論理の接点であるという解説が出ております。その人の見解は、あまりにもそれを強調し過ぎているような気がいたしますが、それは統計力学と関係ありますから、こういうことに興味のある人はぜひご覧になると面白いと思います。この解説を少しだけいたします。これはミクロとマクロをつなぐ数学の理論、典型的な理論です。

---

[1] 数学者 (1911-2004)。エール大学教授。代表的な仕事である角谷の不動点定理はゲーム理論や経済学で有名。

8-2-1　1次元ブラウン運動

まず1次元の場合を考えます。r から R までという1次元空間を考えて、その中の点 x からブラウン運動の粒子をスタートさせます。左の点 r に着く確率を求めると、数式 8.6 になります[2]。

$$P_r(x) = \frac{R-x}{R-r} \tag{8.6}$$

つまり、∞ の空間 $(R \to \infty)$ で行うと点 r に行き着く確率は 1 になるので、数学としては必ず点 r に行き着きます。

これはサイコロを振って2人でチップをやり取りするという問題と同じです。しかも復元力のない問題です。2人だけでやり取りすると、たちまちのうちに片一方が 0 枚になって終わりとなるということです。やってくださると簡単にわかってしまいますけれども、勝つ確率はスタートした持ち金に比例します。破産する確率は、持ち金が少ない方がもちろん高いわけです。この問題は1次元の拡散の問題で、これに似ているのは木村資生さんの集団遺伝学[3]です。

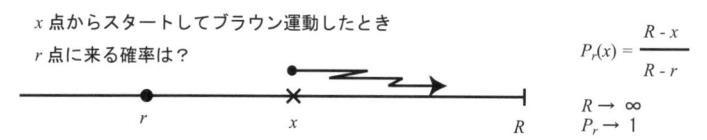

図 8.5　1次元ブラウン運動において、ある点 x から出発して点 r にたどり着く確率 $P_r(x)$。

---

[2] 解法は巻末の付録 A 参照。
[3] ある生物集団において生じた遺伝子の変異が、その集団内に固定されるまでの過程を拡散理論に基づきモデル化したもの。初学者向けに本人が著した解説書として参考文献 [45] がある。

8-2-2　2次元ブラウン運動

次に2次元にします (図 8.6)。2次元ですので円を2つ、半径 r の円と半径 R の円、を描きまして、両円の中間の地点 x からブラウン運動粒子をスタートさせます。上下左右方向すべて等確率で1歩ずつ進むとします。それで、r の方に到着して終わりとなるか、R の方に到着として終わりとなるか、どちらかです。永遠に真ん中にはいられない。この時、半径 r の内円の方に到着する確率で式を書きますと数式 8.7 になります。log 関数です。

$$P_r(x) = \frac{\log R - \log x}{\log R - \log r} \tag{8.7}$$

ここで、外径 R を無限に大きくしますと、内円に到達する確率は 1 になり、いつか必ず内円に到達します。それで、無限大の大きさの海の中の魚は全部円筒内に入るという理屈であります。

円筒内に入る確率が 1/2 になるのは、1次元の例では中央からスタートした場合です。2次元の時には、幾何平均[4]($\sqrt{rR}$) のところからスタートした場合です。これは方眼紙に丸を描いてサイコロを振ってブラウン運動を何回か

2次元平面

$P_r(x) = \dfrac{\log R - \log x}{\log R - \log r}$

$R \to \infty$

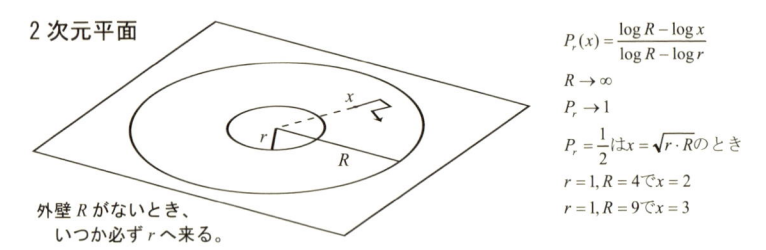

$P_r \to 1$

$P_r = \dfrac{1}{2}$ は $x = \sqrt{r \cdot R}$ のとき

$r = 1, R = 4$ で $x = 2$

$r = 1, R = 9$ で $x = 3$

外壁 R がないとき、いつか必ず r へ来る。

図 8.6　2次元ブラウン運動において、ある点 x から出発して半径 r の内円にたどり着く確率 $P_r(x)$。

---

[4] 相乗平均のこと。よく使われる相加平均が足し合わせた回数で総和を割るのに対し、掛け合わせた積に対してその回数の累乗根を求めたもの。

やるとたちまちのうちにわかります。楽しみ方は人によりますけれども、楽しい話です。それで幾何平均ということは、内径を1外径を4とすると、2のところでスタートして内円への到達確率が1/2。内径を1外径を9にすると、3のところでスタートして内円への到達確率が1/2になります。外径を無限大にいたしますと、内円への到達確率が1/2になるスタート地点は無限大になります。当たり前ですけれども、外径とスタート地点の無限大のなり方に差があるという話です。

8-2-3　3次元ブラウン運動

3次元のときはそうはなりません（図8.7）。3次元のときの到達確率は数式8.8のようになります。

$$P_r(x) = \frac{\frac{1}{x} - \frac{1}{R}}{\frac{1}{r} - \frac{1}{R}} \tag{8.8}$$

3次元のときは、外径 R を無限大にすると、半径 r の小さい球殻と半径 R の大きな球殻の中点からスタートして内球に吸い込まれる確率は r/x になりま

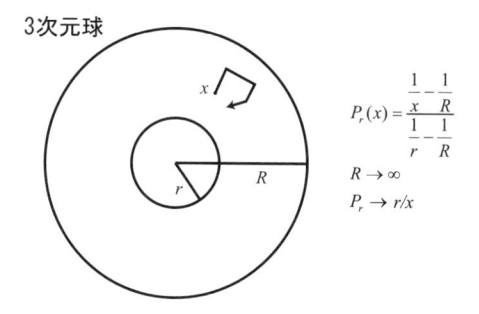

図 **8.7**　3次元ブラウン運動において、ある点 x から出発して半径 r の球にたどり着く確率 $P_r(x)$。

す。有限になるというのがポイントです。これが先ほどブラウン粒子の軌跡上の点の密度で考えた、2次元だったら空間をほとんど一様に満たすことができるけれども、3次元になったらすき間がどんどん増えるばかりで行けない場所が増えていってしまうということの結果です。だから有限匹の魚しか円筒内には戻ってこなくて、無限遠に逃げ去ってしまう魚が残ります。これをなぜここへ書いたかというと、いろいろ統計の問題やブラウン運動の問題が出てきますが、ブラウン運動は次元が違うとえらく違いますよというのを言いたかったのです。

8-3 ブラウン運動とポテンシャル・セオリー：ミクロとマクロの接点

なぜ次元によって違いがあるかというのを簡単に説明します。Brownian Motion and Potential Theory[5]というものです [42][43]。ブラウン粒子が地点 x からスタートして地点 R に到着する確率 $P(x; R)$ はいくらかという問いを出します。地点 x からスタートします。第1歩は全方向に等確率ですから、第1歩は x 点の周りに等確率で行きます。全部等確率に行きますので、この確率は第1歩を済ませた後、この x が $x + dx$ まで行った円周上の確率の平均に必ず等しい。したがってこの関数の性格は、ある点での値はその近辺の微分球、あるいは円の円周上の点でのその関数の平均値に必ず等しい。ここで、ある点の値は周りの平均値に必ず等しいというのは調和関数といって、ある

---

[5] ポテンシャル・セオリーとは解析学という数学の一分野における理論であり、後述のラプラス方程式の解についての一般論で、その正確な説明は数学的なものとなってしまうためここでは深く立ち入らないことにする。空間内においてその各点における力がポテンシャルという量の空間に対する微分によって得られるというもので、位置エネルギーや静電場、熱伝導の問題においてよく用いられる。

ポテンシャル Ψ (プサイ) に対するラプラス方程式、Δ (ラプラシアン)[6]を用いて書くと、$\Delta\Psi = 0$ の解です。

この確率は調和関数の、1点の値は周りの平均であるという性質を必ず持つから、どこかでぴょこんとピークになったり、ぴゅっと谷があったりすることは絶対にない。例えば、真電荷[7]のないときの電位分布は $\Delta\Psi = 0$ で、熱源のないときの温度分布は $\Delta T = 0$ ですね。だから、真電荷がないときのあるところの電位は周りの電位の平均値であるとか、熱源のないときのある点の温度は周りの温度の平均値であるとかいうのと、魚は中にいますが周りの平均に必ずいるはずであるというのとは、まったく同じ性質です。

そうすると、今のブラウン運動の問題は、ポテンシャル・セオリーの $\Delta\Psi = 0$ という方程式の解を求める問題と同じになります。中心に電荷がある場合に静電場の問題を解くと、3次元の場合には $1/r$ (図 8.7、数式 8.8)、2次元の場合は $\log r$ (図 8.6、数式 8.7) というポテンシャル (電位) になるというのは電磁気学で学んだことだと思います。その $1/r$ ポテンシャルや $\log r$ ポテンシャルを使って、先ほどの内側の半径 r へ到達する確率を求めます。これから、2次元と3次元では定性的にまったく異なっているということがわかります、というのが、この Brownian Motion and Potential Theory の解説書の言っているところなのです。非常に面白い解説であります。

実用的にはどういう使い方をするかという例をお話ししましょう。3次元のでこぼこな物体があります。表面の各場所の温度はわかっているけれども、中に針を差し込むことはできないので、中の温度はわからないとします。物

---

[6] 数学における演算子の1つで、発見者であるフランスの数学者 P. S. Laplace (1749-1827) の名が冠せられ、通常「Δ」で表される。(x, y, z) で表される3次元空間において $\Delta = \frac{\partial^2}{\partial x^2} + \frac{\partial^2}{\partial y^2} + \frac{\partial^2}{\partial z^2}$ である。

[7] 自由電荷 (free charge) とも言う。通常原子や分子は電気的に中性の状態で存在していることが多いが、それらから電子が分離した時にマクロに現れる電荷のこと。

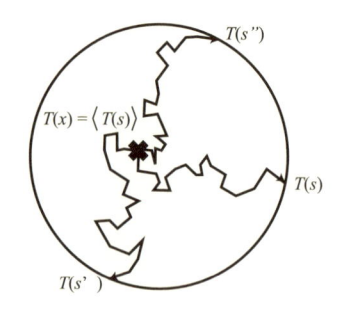

図 **8.8** ブラウン運動 (ミクロ) を用いて表面温度から内部温度 (マクロな量) を推定する。内部の点 x からブラウン運動をスタートさせて表面の点 s、s'、s'' に到達したとき、その表面温度 $T(s)$、$T(s')$、$T(s'')$ の平均が点 x の温度になる。

体の材質はわかっていて、全部一様な材質になっていると仮定して、中の点 x の温度は何度でしょうかということを考えます (図 8.8)。これをコンピューターを使って考えるわけです。この内部の点 x からブラウン運動をスタートさせて、1 回目は点 s へ到達しました。そこの温度は $T(s)$ でしたとします。2 回目は s' という点へ到達しました、温度 $T(s')$ でした。3 回目は……と何回もやって、到達した地点の温度の平均をとるとこの内部の点 x の温度になる、というふうに使います。

聞くと原子炉などの設計の時にはこういうのをよく使うそうです。難しい境界条件で解析的にはとても解けませんというときは、この方法の方が早いというわけです。ブラウン運動をやるというのは面白いし、やると答えがちゃんと出ます。到達した場所全部の温度の平均値を取ると、地点 x の温度 $T(x)$ になるのです。ポテンシャル・セオリーが解けない時に、ブラウン運動をシミュレーションしてポテンシャル・セオリーの数学の解答を出すというふうに使うわけです。先ほどの到達確率の例は、これとは逆にブラウン運動の問題をポテンシャル・セオリー、つまりマクロなセオリーに置き換えて、解答

をいきなりぽんと出してしまうという使い方です。

どちらにしましても一番感心するのは、一見まったく関係がなさそうに見えたブラウン運動の話と、電磁気学や熱学のポテンシャル・セオリーの話とが、いきなりぽっと、本質的なところで非常に簡単明瞭に結び付いたことです。これに気が付いた人はものすごく偉いと思うのです。マクロとミクロがぱっと、直感的に非常にわかりやすくくっついてしまった、こういう理論はめったにないと思います。しかも、物理と数学がぴったりくっついてしまったというので、私はこういう話をするときにはいつも引き合いに出しています。意外なところで意外な学問同士がくっつくとものすごい進歩があるなというか、目がぱんと開けるなというのを、思っていてほしいのです。

8-4 朝倉・大沢の力 (depletion 効果)：コロイド粒子間の引力

最後に、ブラウン運動に関して私の論文 [46] を紹介します。高分子の溶液に浸された、2つのコロイド粒子間に働く相互作用についての話です。溶液中にコロイド粒子が2つ浮いていて、その間に高分子がいるとします。高分子はブラウン運動をしますが、微粒子のブラウン運動ではなく、高分子の鎖部分が配置を変化させるブラウン運動です (図 8.9)。鎖部分がブラウン運動をすると、このコロイド粒子の間の空間は窮屈だから、高分子は外へ出ていこうとする。高分子が出ていくとコロイド粒子の間は水だけになって、外は高分子の溶液になるから、浸透圧でコロイド粒子の間の空間は押されて引っ込みます。だからコロイド粒子の間に引力が現れる、という論文です。これも実は伏見さんの本 [20] で解いてあります。全部ではないですがある程度解い

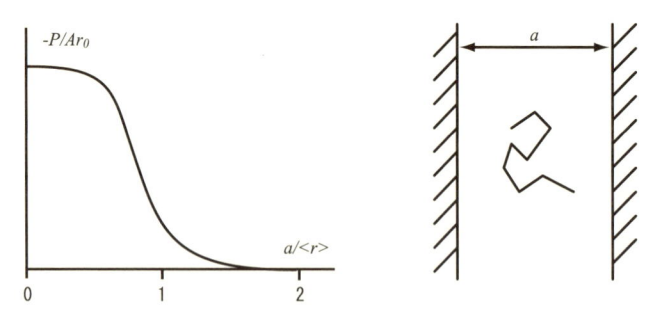

図 8.9 朝倉・大沢の力。2 つのコロイド粒子 (板) の隙間 (間隔 a) に、自由空間における平均の長さが $\langle r \rangle$ の鎖状高分子がブラウン運動をしている時の、コロイド粒子間に働く引力の大きさ (縦軸)。横軸は $\langle r \rangle$ に対する a の比。

てありまして、すごい人だなと思ったのですけれども。

　コロイド粒子間には、積極的、直接的な相互作用は何もない。高分子とコロイド粒子との間にも、引力も斥力もない。水と高分子の関係もただの理想溶液[8])で結構です。何もエネルギー的な相互作用はないけれど、結構強い引力が働くということです。この理論は、コロイド粒子間の力の直接測定で、もう20 年ぐらい前に実証されました [47]。今もいろいろな条件で測定されています。25 年ぐらい前は朝倉・大沢の力と言われていたのですが、今は depletion 効果などと呼ばれています。ほかの人の論文より先立つこと約 35 年、本当によく掲載してくれたなと思います。

　さて、私のお話はここまでです。何回も繰り返して言いますが、ぜひ自分の手でやってください。特にこの分野の学問は、生理的、感覚的な学問ですから。熱学・統計力学はえらい難しいと言われていますが (量子力学は本当に難しいですね) 統計力学はむしろ感覚的な、ほかのどれよりも感覚的な学問なので。世の中には、眺めているといろいろと、"ほう" と思うことがあるの

---

[8])一般的にはラウールの法則という蒸気圧に関する法則に従う溶液のことを指す。簡単に言えば、溶媒である水と溶質である高分子が独立で、相互作用がないような溶液を指している。

で、ぜひ手を動かしてください。

コーヒーブレーク：泥の研究　昔私が名古屋大学に就職した時は、泥の研究をしていました。最初は地震の研究室に就職したんですが、「地震はちょっと、分野外だからあなたには無理ですね。じゃあ、部屋で泥の研究でもしてください。」と教授[a]に言われて泥の研究をしていました。校庭から泥を削ってきて、試験管に入れてぐっと眺めている、そういう実験です。けれども、今日は天気がいい、今日は曇っているという天候の違いで泥の落ち方が違うんです。それがなかなかの発見でありました。もう60年以上たっていますけれども、今もまだ論文には書いていません。実験室には誰もいないし、机しかない。戦後間もなく、戦争直後の1945年ごろの実験でしょうか。何もない部屋の窓際に試験管を立てておくと、晴れた日は試験管の窓側とこちら側の方に大きな温度差ができます。曇った日は非常にわずかな温度差ができます。それで、試験管の中の対流が変わるんです。

1900年にバナードの対流という、かなり流行った実験があります [48][49][50][b]。エネルギーを使う構造形成の話がありますけれど、その一番の元の実験です。温度の差がわずかであると、全体が対流になるのではなくて、対流の筒ができるんです。上から見るとハチの巣模様ができます。それが実は私の実験で、横にわずかの温度差があると横向きに層状構造ができるというのを見まして、それはそうかもしれないと思ったんです。その後、泥はいくら何でも組成がわからないから、組成のわかる高分子にしましょうといって高分子の研究に移っていきました。

[a] 名古屋大学理学部物理教室 宮部直巳教授。
[b] レイリー・ベナール対流とも呼ばれる。流体の下面を温め、上面を冷やしたとき、溶液全体ではなく、個々の部屋に分かれて対流が起きる現象。紅茶にミルクを入れたときや味噌汁で、この対流によってできたハチの巣状の模様が観察されることがある。

付録 A

海の魚を一網打尽に捕らえる方法

ここでは、数式 8.6、数式 8.7、数式 8.8 の導出方法を解説します。参考文献は [51] です。

1 次元の場合

$r < \xi < R$ として、1 次元上に 3 点 r, ξ, R をとります。点 ξ は粒子湧き出し点、点 r と R は粒子吸収点とします。この時、粒子密度の定常分布 $C(x,t)$ は、

$$\text{境界条件：} \quad C(r,t) = C(R,t) = 0, \quad C(\xi,t) = C_0 \quad (A.1)$$

の下で

$$\text{フィックの法則：} \quad \frac{\partial C}{\partial t} = D\Delta C \quad (D \text{ は拡散係数}) \quad (A.2)$$

の定常解となっているはずです。これを解くと、

$$\begin{cases} r < x < \xi \text{ のとき} & C(x,t) = \frac{C_0}{\xi - r}(x - r) \\ \xi < x < R \text{ のとき} & C(x,t) = \frac{C_0}{\xi - R}(x - R) \end{cases} \quad (A.3)$$

となります。

ここで、湧き出し点 ξ からの拡散流 J を考えます。簡単のため、単位面積

あたりの流れで考えるとします。

$$J = -D\nabla C \tag{A.4}$$

で与えられるので、数式 A.3 より

$$\begin{cases} r < x < \xi \text{ のとき} \quad J = -D\frac{C_0}{\xi - r} \text{ より、} x < 0 \text{ の方向に} \quad |J| = D\frac{C_0}{\xi - r} \\ \xi < x < R \text{ のとき} \quad J = -D\frac{C_0}{\xi - R} \text{ より、} x > 0 \text{ の方向に} \quad |J| = D\frac{C_0}{R - \xi} \end{cases} \tag{A.5}$$

つまり、湧き出し点 ξ において、

- 内側の吸収点 r への拡散流は $J_{in} = \frac{DC_0}{\xi - r}$
- 外側の吸収点 R への拡散流は $J_{out} = \frac{DC_0}{R - \xi}$

となります。従って、湧き出し点 ξ を出た粒子が内側の吸収点 r に吸収される確率は、

$$\frac{J_{in}}{J_{in} + J_{out}} = \frac{1/(\xi - r)}{\{1/(\xi - r)\} + \{1/(R - \xi)\}} = \frac{R - \xi}{R - r} \tag{A.6}$$

で与えられます。

$$\lim_{R \to \infty} \frac{J_{in}}{J_{in} + J_{out}} = \lim_{R \to \infty} \frac{R - \xi}{R - r} = \lim_{R \to \infty} \frac{1 - \xi/R}{1 - r/R} = 1 \tag{A.7}$$

より $R \to \infty$ の極限において、すべての粒子は内側の吸収点 r へ吸収されることがわかります。

2 次元、3 次元の場合

2 次元、3 次元の場合も同様に、境界条件：$C(r, t) = C(R, t) = 0$, $C(\xi, t) = C_0$ の下で $\frac{\partial C}{\partial t} = D\Delta C = 0$ を解いて、粒子密度の定常分布を求め、その時の拡散流 $J = -D\nabla C$ を求めます。

ヒント：対称性を考慮したラプラシアンは、極座標系で次のように与えられます。

$$2\text{次元}: \Delta = \frac{\partial^2}{\partial r^2} + \frac{1}{r^2}\frac{\partial^2}{\partial \theta^2} + \frac{1}{r}\frac{\partial}{\partial r} \text{ だから、}$$

$$\Delta = \frac{\partial^2}{\partial r^2} + \frac{1}{r}\frac{\partial}{\partial r} = \frac{1}{r}\frac{\partial}{\partial r}\left(r\frac{\partial}{\partial r}\right)$$

$$3\text{次元}: \Delta = \frac{\partial^2}{\partial r^2} + \frac{1}{r^2}\frac{\partial^2}{\partial \theta^2} + \frac{1}{r^2\sin^2\theta}\frac{\partial^2}{\partial \varphi^2} + \frac{2}{r}\frac{\partial}{\partial r} + \frac{1}{r^2\tan\theta}\frac{\partial}{\partial \theta} \text{ だから、}$$

$$\Delta = \frac{1}{r^2}\frac{\partial}{\partial r}\left(r^2\frac{\partial}{\partial r}\right)$$

付録 B
Weyl の撞球

エルゴード性

ここでは Weyl の撞球 [20] という問題を通して、エルゴード性を体感するための演習を行います。エルゴード性は、「ある量の時間平均が集合平均と一致する という確率過程上の性質」として広く知られています。

例えば、サイコロを何度も振って目の平均値を求めたい時、1 人でサイコロを 1,000 回振り続けて得た値と、1,000 人が一度に振って得られた値が一致するということです。

では、時間平均と集合平均が一致するためにはどういう条件が必要なのでしょうか。ある確率過程を考えた時、数多くの試行の繰り返しの後には、最初の状態に関係なく一定の確率状態 (有限数のすべての状態に到達可能であり、定時間後に確率 1 で戻ってくるような状態はない) になるという性質があれば良いとわかります。くだいて言えば，同じ状態間ばかり行き来して、到達しない状態 (あるいは、滅多に到達しない状態) があってはダメということです。

問題設定

$$x(t) = e \times t, \quad y(t) = \pi \times t. \quad (e = 2.72\cdots, \ \pi = 3.14\cdots) \tag{B.1}$$

$$x = [0, 5), \quad y = [0, 5). \quad t = 1, 2, 3, \cdots$$

で定義される点 (x, y) を追跡することを考えます。ただし、境界では反射するものとします。ここでは $t = 0 \sim 24$ の座標を手計算し、空間中にどのように分布するかを観察します (e, π は無理数の例として適当に選んだものです。以下の計算は、e, π について小数点以下 2 桁以上の精度で計算しても $t = 24$ までなら結果は同じになります)。

作業手順

1. 表 B.1 A 欄に、各時刻 (t) における $x = e \times t$, $y = \pi \times t$ の値を計算し書き込む (境界条件等を考えない座標を求めている)。
2. B 欄に A 欄の 1 の位以下をとった値を記入する (10 の位を無視することにより、$x, y = [0, 10)$ の周期境界条件をつくる)。
3. C 欄には、B 欄において x, y が 5 以上の時はそれぞれ $9 - x, 9 - y$ を記入する (これにより $x, y = [0, 5)$ の反射境界条件が実現される)。
4. 表 B.1 C 欄の値を図 B.1 上にプロットする。
5. 図 B.1 の区切られた小正方形のうち、その内部に点 (x, y) が存在する箇所に色をつける。

t	A		B		C	
	x	y	x	y	x	y
1	2.72	3.14	2.72	3.14	2.72	3.14
2						
3						
4						
5						
6						
7						
8						
9						
10						
11						
12						
13						
14						
15						
16						
17						
18						
19						
20						
21						
22						
23						
24						

表 B.1 演習：Weyl の撞球。

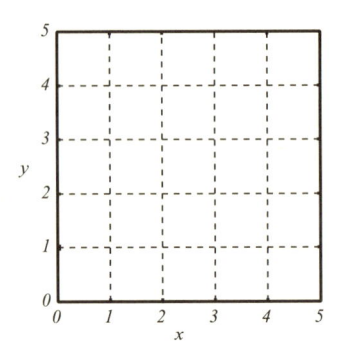

図 B.1 演習のための方眼。$x, y = 0 \sim 5$ の空間 (正方形) を、1 刻みのメッシュに区切ってある。空間は $5 \times 5 = 25$ 個の小正方形に分割されている。

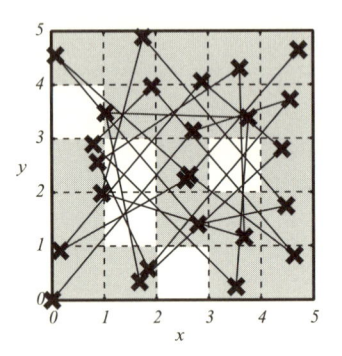

図 B.2 Weyl の撞球演習の解答。全 25 個の小正方形のうち、色を塗られたのは 20 個になる。ここでは空間や時間が小さすぎるため少しわかりづらいが、それでも点 (x, y) が空間中に均等に分布することがわかる。

あとがき

　この本は、1996年の生物物理若手の会[1]の夏の学校[2]での私の講義のビデオテープを元に文章化したもので、2009年秋にこの本の前身となる文章を生物物理若手の会のウェブサイトで生物物理学会会員に限定して公開しました。このウェブ限定版はけっこう評判が良かったので、この度、全面的に内容を見直して名古屋大学出版会より本として出版させていただくことになりました。

　最初のウェブ限定版もこの書籍も、編集作業はすべて生物物理若手の会の有志のメンバーがやってくださいました。話し言葉を一部書き言葉にし、2日間のセミナーを1つの流れにし、図などもすべて新しく書き直して一冊の読み物の形にしてくれました。大沼清さん(長岡技術科学大学)、正木紀隆さん(浜松医科大学)、大瀧昌子さん(元・早稲田大学)、豊田太郎さん(東京大学)、井上雅世さん(大阪大学)の5人が編集部として主な作業を行ってくれました。また、ウェブ限定版を作るときには有賀隆行さん(東京大学)、五十嵐康伸さん(オリンパスソフトウェアテクノロジー株式会社)、稲葉岳彦さん(理化学研究所)、岡崎圭一さん(早稲田大学)、近藤晶子さん(藤田保健衛生大

---

[1] 日本生物物理学会に所属する大学院生や研究員などの若手研究者の組織。普段は各支部で数名〜数十名程度の小規模な研究会や勉強会を行っている。http://bpwakate.net/index.htm
[2] 毎年夏に全国の数百名の生物物理若手の会の会員が一堂に会して、2泊3日の泊まり込みで行う大規模な研究交流会のこと。全国の支部が持ち回りで開催し、様々な講師を招いて話を聞いたり、自分たちの研究に関して議論したり、夜は宴会をしたりなど、研究交流を深めている。

学)、田村美恵子さん (株式会社野村総合研究所)、冨樫祐一さん (神戸大学)、鳥谷部祥一さん (中央大学、シミュレーションプログラム作成[3])、根岸瑠美さん (東京工業大学)、畠山剛臣さん (チューリッヒ大学) らが手伝ってくださいました。さらに、この本にするための再編集には田村和志さん (元・北海道大学)、香川璃奈さん (慶應義塾大学)、神庭圭佑さん (名古屋大学)、近藤洋平さん (東京大学)、鈴木まゆさん (京都大学)、都築峰幸さん (名古屋大学)、堀直人さん (京都大学)、山本暁久さん (京都大学) などが手伝ってくださいました (カッコ内は 2011 年 5 月時点での所属)。本当に多くの方々が、大変な労力 (体力、知力) と時間を費やしたと思います。ここまで仕上げて下さったことに深く感謝します。

多くの方が読んで、「手づくり統計力学」を手を動かして楽しんで、ときどき感心してほしいです。そうなれば私としては非常にうれしいです。ところどころまちがいや考え足らないところがあるでしょうから、直したり、補足したりして、連絡[4]いただければと思います。

2011 年 5 月

大沢文夫

---

[3] 生物物理若手の会・統計力学入門のページからダウンロードできます。http://bpwakate.net/Oosawa/
[4] 生物物理若手の会・統計力学入門　http://bpwakate.net/Oosawa/

参考文献

[1] K. Kitamura, M. Tokunaga, A. H. Iwane, and T. Yanagida. A single myosin head moves along an actin filament with regular steps of 5.3 nanometres. *Nature*, Vol. 397, pp. 129–134, 1999.

[2] 柏木明子, 四方哲也. 大腸菌を用いた実験室内進化.（複雑系のバイオフィジックス, 金子邦彦編集）. 共立出版, 2001.

[3] 曽我部正博. 個性はどのようにつくられるか.（個性の生物学——個体差はなぜ生じるか——, 大沢文夫他）. 講談社ブルーバックス, 1978.

[4] K. Nakata, M. Sokabe, and R. Suzuki. A model for the crowding effect in the growth of tadpoles. *Biological Cybernetics*, Vol. 42, pp. 169–176, 1982.

[5] 曽我部正博. 下等動物のコミュニケーション——おたまじゃくしの密度効果と血縁認知——. 子どもの看護, Vol. 1(5), pp. 15–19, 1985.

[6] F. Oosawa, S. Asakura, K. Hotta, N. Imai, and T. Ooi. G-F transformation of actin as a fibrous condensation. *Journal of Polymer Science*, Vol. 37, pp. 323–336, 1959.

[7] F. Oosawa, S. Asakura, and T. Ooi. Physical chemistry of muscle protein "Actin". *Progress of Theoretical Physics Supplement*, Vol. 17, pp. 14–34, 1961.

[8] F. Oosawa. Size distribution of protein polymers. *Journal of Theoretical Biology*, Vol. 27, pp. 69–86, 1970.

[9] G. M. Cooper. *The Cell: A Molecular Approach, second edition*. Sinauer Associates, Inc., Sunderland, Massachusetts, 2000.

[10] M. Kawamura and K. Maruyama. Electron microscopic particle length of F-actin polymerized in vitro. *The Journal of Biochemistry*, Vol. 67, pp. 437–457, 1970.

[11] M. Ataka and S. Tanaka. The growth of large single crystals of lysozyme. *Biopolymers*, Vol. 25, pp. 337–350, 1986.

[12] 久保亮五. 統計力学、第6章に強磁性体のイジング模型に関する議論. 共立出版, 1952.

[13] F. Oosawa and J. Masai. Asymmetry of fluctuation with respect to time reversal in steady states of biological systems. *Biophysical Chemistry*, Vol. 16 (1), pp. 33–40, 1982.

[14] H. Nagashima and S. Asakura. Dark-field light microscopic study of the flexibility of F-actin complexes. *Journal of Molecular Biology*, Vol. 136, pp. 169–182, 1980.

[15] G. R. Fleming, S. H. Courtney, and M. W. Balk. Activated barrier crossing: Comparison of experiment and theory. *Journal of Statistical Physics*, Vol. 42, pp. 83–104, 1986.

[16] J. Schroeder and J. Troe. Elementary reactions in the gas-liquid transition range. *Annual Review of Physical Chemistry*, Vol. 38, pp. 163–190, 1987.

[17] H. A. Kramers. Brownian motion in a field of force and the diffusion model of chemical reactions. *Physica*, Vol. 7(4), pp. 284–304, 1940.

[18] 住斉. 化学反応論の新しい展開：溶媒和状態の遅い熱揺らぎ効果. 日本物理学会誌, Vol. 46, pp. 911–918, 1991.

[19] T. Funatsu, Y. Harada, M. Tokunaga, K. Saito, and T. Yanagida. Imaging of single fluorescent molecules and individual ATP turnovers by single myosin molecules in aqueous solution. *Nature*, Vol. 374, pp. 555–559, 1995.

[20] 伏見康治. 確率論および統計論. 現代工学社, 1998.

[21] J. G. Kirkwood. The statistical mechanical theory of transport processes. I. general theory. *Journal of Chemical Physics*, Vol. 14, pp. 180–201, 1946.

[22] J. G. Kirkwood. The statistical mechanical theory of transport processes. II. transport in gases. *Journal of Chemical Physics*, Vol. 15, pp. 72–76, 1947.

[23] J. G. Kirkwood, F. P. Buff, and M. S. Green. The statistical mechanical theory of transport processes. III. the coefficients of shear and bulk viscosity of liquids. *Journal of Chemical Physics*, Vol. 17, pp. 988–994, 1949.

[24] 久保亮五編. 大学演習　熱学・統計力学（修訂版）. 裳華房, 1998.

[25] E. Kappler. Versuche zur Messung der Avogadro-Loschmidtschen Zahl aus der Brownschen Bewegung einer Drehwaage. *Annalen der Physik*, Vol. 403, pp. 233–256, 1931.

[26] 小野周. 雑音の物理学. 日本物理学会誌, Vol. 22, pp. 819–823, 1967.

[27] 米沢富美子. ブラウン運動 (物理学 One Point). 共立出版, 1986.

[28] A. Einstein. Über die von der molekularkinetischen Theorie der Wärme geforderte Bewegung von in ruhenden Flüssigkeiten suspendierten Teilchen. *Annalen der Physik*, Vol. 17, pp. 549–560, 1905.

[29] 柳瀬睦男. 科学の哲学. 岩波新書, 1984.
[30] T. Yanagida, M. Nakase, K. Nishiyama, and F. Oosawa. Direct observation of motion of single F-actin filaments in the presence of myosin. *Nature*, Vol. 307, pp. 58–60, 1984.
[31] ファインマン, レイトン, サンズ, 富山小太郎訳. ファインマン物理学 II 巻. 岩波書店, 1986.
[32] R. D. Vale and F. Oosawa. Protein motors and Maxwell's demons: does mechanochemical transduction involve a thermal ratchet? *Advances in Biophysics*, Vol. 26, pp. 97–134, 1990.
[33] 大沢文夫. 講座：生物物理. 丸善, 1998.
[34] M. O. Magnasco. Forced thermal ratchets. *Physical Review Letters*, Vol. 71, pp. 1477–1481, 1993.
[35] L. P. Faucheux, L. S. Bourdieu, P. D. Kaplan, and A. J. Libchaber. Optical thermal ratchet. *Physical Review Letters*, Vol. 74, pp. 1504–1507, 1995.
[36] 大沢文夫. 飄々楽学—新しい学問はこうして生まれつづける—. 白日社, 2005.
[37] 柳田敏雄. 生物分子モーター—ゆらぎと生体機能—、岩波講座物理の世界（物理と情報 7）. 岩波書店, 2002.
[38] S. Higashi-Fujime and T. Hozumi. The mechanism for mechanochemical energy transduction in actin-myosin interaction revealed by in vitro motility assay with ATP analogues. *Biochemical and Biophysical Research Communications*, Vol. 221(3), pp. 773–778, 1996.
[39] T. Q. P. Uyeda, K. M. Ruppel, and J. A. Spudich. Enzymatic activities correlate with chimaeric substitutions at the actin-binding face of myosin. *Nature*, Vol. 368, pp. 567–569, 1994.
[40] A. Einstein. *Investigations on the Theory of the Brownian Movement*. Dover Publications, 1956.
[41] 久保亮五. 電気伝導の理論の体系化—アインシュタインの関係の一般化—. 岩波科学, Vol. 27, pp. 58–62, 1957.
[42] S. Kakutani. Two-dimensional brownian motion and harmonic functions. *Proceedings of the Japan Academy, Series A, Mathematical Sciences*, Vol. 20, pp. 706–714, 1944.
[43] R. Hersh and R. J. Griego. Brownian motion and potential theory. *Scientific American*, Vol. 220 (3), pp. 66–74, 1969.
[44] 湯川秀樹監修. 岩波講座 現代物理学の基礎、第 2 巻 古典物理学 II. 岩波書店, 1978.

[45] 木村資生. 生物進化を考える. 岩波書店, 1988.

[46] S. Asakura and F. Oosawa. On interaction between two bodies immersed in a solution of macromolecules. *Journal of Chemical Physics*, Vol. 22, pp. 1255–1256, 1954.

[47] M. Seike. Effects of plasma substitutes on the velocity of erythrocyte aggregation. *Japanese Journal of Transfusion Medicine*, Vol. 34, pp. 420–431, 1988.

[48] H. Bénard. Les tourbillons cellulaires dans une nappe liquide (part 1). *Revue générale des sciences pures et appliquées*, Vol. 11, pp. 1261–1271, 1900.

[49] H. Bénard. Les tourbillons cellulaires dans une nappe liquide (part 2). *Revue générale des sciences pures et appliquées*, Vol. 11, pp. 1309–1328, 1900.

[50] H. Bénard. Les tourbillons cellulaires dans une nappe liquide transportant de la chaleur par convection en régime permanent. *Annales de chimie et de physique*, Vol. 23, pp. 62–144, 1901.

[51] H. C. Berg, 寺本英, 佐藤俊輔訳. 生物学におけるランダムウォーク. 法政大学出版局, 1989.

《著者紹介》

大 沢 文 夫（おお さわ ふみ お）

1922年　大阪府に生まれる
1944年　東京帝国大学理学部卒業
　　　　名古屋大学教授、大阪大学教授、愛知工業大学教授などを歴任
2019年　逝去

大沢流　手づくり統計力学

2011年8月15日　初版第1刷発行
2021年7月20日　初版第3刷発行

定価はカバーに表示しています

著　者　　大　沢　文　夫
発行者　　西　澤　泰　彦

発行所　一般財団法人　名古屋大学出版会
〒464-0814　名古屋市千種区不老町1名古屋大学構内
電話(052)781-5027/FAX(052)781-0697

ⓒFumio Oosawa, 2011
印刷・製本（株）太洋社
乱丁・落丁はお取替えいたします。

Printed in Japan
ISBN978-4-8158-0674-3

JCOPY ＜出版者著作権管理機構　委託出版物＞
本書の全部または一部を無断で複製（コピーを含む）することは、著作権法上での例外を除き、禁じられています。本書からの複製を希望される場合は、そのつど事前に出版者著作権管理機構（Tel:03-5244-5088, FAX:03-5244-5089, e-mail:info@jcopy.or.jp）の許諾を受けて下さい。

杉山　直監修
物理学ミニマ
A5・276頁
本体2700円

大島隆義著
自然は方程式で語る 力学読本
A5・560頁
本体3800円

大島隆義著
電磁気学読本［上・下］
—「力」と「場」の物語—
A5・254/230頁
本体各3200円

佐藤憲昭著
物性論ノート
A5・208頁
本体2700円

佐藤憲昭/三宅和正著
磁性と超伝導の物理
—重い電子系の理解のために—
A5・400頁
本体5700円

H・カーオ著　岡本拓司監訳
20世紀物理学史［上・下］
—理論・実験・社会—
菊・308/338頁
本体各3600円

大塚　淳著
統計学を哲学する
A5・248頁
本体3200円

E・ソーバー著　松王政浩訳
科学と証拠
—統計の哲学 入門—
A5・256頁
本体4600円

ラクストン他著　麻生一枝/南條郁子訳
生命科学の実験デザイン［第四版］
A5・318頁
本体3600円

吉澤　剛著
不定性からみた科学
—開かれた研究・組織・社会のために—
A5・326頁
本体4500円